ACADÉMIE DE STRASBOURG.

FACULTÉ DES SCIENCES DE STRASBOURG.

MM. **DAUBRÉE**, Doyen, Professeur de Minéralogie et de Géologie.
SARRUS, Doyen honoraire, Professeur de Mathématiques pures.
LEREBOULLET, Professeur de Zoologie et de Physiologie animale.
FINCK, Professeur de Mathématiques appliquées.
BERTIN, Professeur de Physique.
LIÈS-BODARD, chargé du Cours de Chimie.

THÈSE D'ANALYSE

PRÉSENTÉE

PAR M. BACH,
Professeur de Mathématiques spéciales.

Président de la Thèse : M. SARRUS,
Examinateurs : MM. FINCK et BERTIN.

PARIS,
MALLET-BACHELIER, IMPRIMEUR-LIBRAIRE
DE L'ÉCOLE IMPÉRIALE POLYTECHNIQUE, DU BUREAU DES LONGITUDES,
Quai des Augustins, 55.

1857.

THÈSE D'ANALYSE.

RECHERCHES SUR QUELQUES FORMULES D'ANALYSE, ET EN PARTICULIER SUR LES FORMULES D'EULER ET DE STIRLING.

Ce travail est divisé en deux parties. Dans la première partie, je fais connaître l'origine et la loi des nombres de Bernoulli; dans la seconde, j'établis d'une manière rigoureuse la formule d'Euler; je donne l'expression du terme complémentaire; j'en déduis ensuite comme conséquence la formule de Stirling.

PREMIÈRE PARTIE.

I.

ORIGINE DES NOMBRES DE BERNOULLI; EXPRESSIONS GÉNÉRALES ET PROPRIÉTÉS DIVERSES DE CES NOMBRES.

1. Les nombres remarquables dont nous nous occuperons dans la première partie de ce travail sont connus des géomètres sous le nom de nombres de Bernoulli ou nombres Bernoulliens. C'est effectivement Jacques Bernoulli qui les a rencontrés le premier en étudiant les séries dans lesquelles se développent certaines fonctions simples, et depuis ils se sont présentés dans un grand nombre de questions diverses.

Pour définir ces nombres, considérons la fonction

$$\frac{z}{e^z - 1}$$

dans laquelle e désigne la base des logarithmes népériens.

Cette fonction se réduit à l'unité quand on fait $z=0$; on peut donc écrire

$$\frac{z}{e^z-1}=1+\varepsilon,$$

ε désignant une quantité qui s'annule avec z; on tire de là

$$\frac{\varepsilon}{z}=\frac{1}{e^z-1}-\frac{1}{z}=\frac{z+1-e^z}{z(e^z-1)},$$

d'où

$$\frac{\varepsilon}{z}=-\frac{\frac{1}{1.2}+\frac{z}{1.2.3}+\ldots}{1+\frac{z}{1.2}+\ldots}.$$

On voit que pour $z=0$, $\frac{\varepsilon}{z}$ se réduit à $-\frac{1}{2}$, et si l'on pose

$$\frac{\varepsilon}{z}=-\frac{1}{2}+\varphi z,$$

la fonction φz s'annulera en même temps que z; on a

$$\varphi z=\frac{1}{2}+\frac{1}{e^z-1}-\frac{1}{z}.$$

La fonction φz est impaire; en d'autres termes, elle change de signe quand on change z en $-z$. En effet, on a

$$\varphi(-z)=\frac{1}{2}+\frac{1}{e^{-z}-1}+\frac{1}{z}=\frac{1}{2}-\frac{e^z}{e^z-1}+\frac{1}{z}=-\frac{1}{2}-\frac{1}{e^z-1}+\frac{1}{z};$$

donc

$$\varphi(-z)=-\varphi z.$$

La fonction φz reste finie pour toutes les valeurs de z réelles ou imaginaires dont le module est inférieur à 2π: donc, d'après un théorème célèbre de M. Cauchy (*), cette fonction sera développable en une série convergente

---

(*) Ce théorème a été énoncé pour la première fois dans un Mémoire publié à Turin en 1832 par M. Cauchy. On lit effectivement dans ce Mémoire :

« *La fonction $f(x)$ sera développable en une série convergente ordonnée suivant les puissances de x, si le module de la variable réelle ou imaginaire x conserve une valeur inférieure à celles pour lesquelles la fonction $f(x)$ cesse d'être finie et continue.* »

ordonnée suivant les puissances ascendantes de z, tant que le module de cette variable sera inférieur à 2π. Et, parce que la fonction φz est impaire, on aura un développement de la forme

$$\varphi z = B_1 \frac{z}{1.2} - B_2 \frac{z^3}{1.2.3.4} + B_3 \frac{z^5}{1.2.3.4.5.6} \cdots \mp B_n \frac{z^{2n-1}}{1.2.3\ldots 2n}, \ldots$$

Les coefficients $B_1, B_2, B_3, \ldots, B_n$, sont dits les nombres de Bernoulli.

Développement de $\cot x$ *en série ordonnée suivant les puissances croissantes de* x.

2. Pour obtenir ce développement, nous partirons de la formule

$$\varphi z = \frac{1}{2} + \frac{1}{e^z - 1} - \frac{1}{z},$$

que l'on peut écrire de la manière suivante :

$$\varphi z = \frac{1}{2} \frac{e^{\frac{z}{2}} + e^{-\frac{z}{2}}}{e^{\frac{z}{2}} - e^{-\frac{z}{2}}} - \frac{1}{z};$$

en posant

$$z = u\sqrt{-1},$$

il vient

$$\varphi(u\sqrt{-1}) = \frac{1}{2} \cdot \frac{e^{\frac{u}{2}\sqrt{-1}} + e^{-\frac{u}{2}\sqrt{-1}}}{e^{\frac{u}{2}\sqrt{-1}} - e^{-\frac{u}{2}\sqrt{-1}}} - \frac{1}{u\sqrt{-1}} = \frac{1}{2} \frac{\cot \frac{1}{2} u}{\sqrt{-1}} - \frac{1}{u\sqrt{-1}},$$

d'où l'on tire

$$\frac{1}{u} - \frac{1}{2} \cot \frac{1}{2} u = -\sqrt{-1} \cdot \varphi(u\sqrt{-1}) = B_1 \frac{u}{1.2} + B_2 \frac{u^3}{1.2.3.4} + B_3 \frac{u^5}{1.2.3.4.5.6} + \ldots,$$

formule qui subsiste pour toutes les valeurs réelles ou imaginaires de u dont le module est inférieur à 2π. Faisant

$$u = 2x,$$

il vient

$$(1)\quad \cot x = \frac{1}{x} - 2\,B_1\,x - \frac{2^3.B_2}{3.4}x^3 - \frac{2^5.B_3}{3.4.5.6}x^5 - \frac{2^7.B_4}{3.4.5.6.7}x^7 - \ldots,$$

mais cette nouvelle formule ne subsiste que pour les valeurs de x dont le module est inférieur à π.

Développement de tang x.

3. Si, dans la formule

$$\frac{z}{e^z - 1} = 1 - \frac{z}{2} + z\varphi\,z = 1 - \frac{z}{2} + \frac{B_1 z^2}{1.2} - \frac{B_2 z^4}{1.2.3.4} + \ldots,$$

nous changeons z en $2z$, il vient

$$\frac{2z}{e^{2z}-1} = 1 - \frac{2z}{2} + \frac{2^2.B_1\,z^2}{1.2} - \frac{2^4.B_2\,z^4}{1.2.3.4} + \ldots.$$

On a d'ailleurs identiquement

$$\frac{z}{e^z+1} = \frac{z}{e^z-1} - \frac{2z}{e^{2z}-1};$$

donc

$$\frac{z}{e^z+1} = 1 - \frac{z}{2} + \frac{B_1 z^2}{1.2} - \frac{B^2 z^4}{1.2.3.4} + \ldots - \left[1 - \frac{2z}{2} + \frac{2^2 B_1 z^2}{1.2} - \frac{2^4 B_2 z^4}{1.2.3.4} + \ldots\right]$$

ou

$$\frac{z}{e^z+1} = \frac{z}{2} - (2^2 - 1)\,B_1\frac{z^2}{1.2} + (2^4 - 1)\frac{B_2 z^4}{1.2.3.4} - \ldots$$

ou encore

$$\frac{1}{2} - \frac{1}{e^z+1} = (2^2 - 1)\,B_1\frac{z}{1.2} - (2^4 - 1)\frac{B_2 z^3}{1.2.3.4} + \ldots;$$

changeant z en $2z$ et remarquant que l'on a identiquement

$$\frac{1}{2} - \frac{1}{e^z+1} = \frac{1}{2}\cdot\frac{e^z-1}{e^z+1} = \frac{1}{2}\cdot\frac{e^{\frac{z}{2}} - e^{-\frac{z}{2}}}{e^{\frac{z}{2}} + e^{-\frac{z}{2}}},$$

il vient

$$\frac{1}{2}\frac{e^z - e^{-z}}{e^z + e^{-z}} = 2.(2^2 - 1)\frac{B_1 z}{1.2} - 2^3(2^4 - 1)\,B_2\frac{z^3}{1.2.3.4} + \ldots.$$

Si l'on fait maintenant

$$z = x\sqrt{-1},$$

on pourra écrire

$$(2)\quad \text{tang}\, x = 2^2(2^2-1)B_1 x - 2^4(2^4-1)B_2\frac{x^3}{1.2.3.4} + 2^6(2^6-1)B_3\frac{x^5}{1.2.3.4.5.6} - \ldots,$$

formule qui ne subsiste que pour les valeurs de x dont le module est inférieur à $\frac{\pi}{2}$.

Développement de coséc x.

4. Nous avons

$$\text{coséc}\, x = \frac{1}{\sin x} = \frac{\cos^2\frac{1}{2}x + \sin^2\frac{1}{2}x}{2\sin\frac{1}{2}x\cos\frac{1}{2}x} = \frac{1}{2}\cot\frac{1}{2}x + \frac{1}{2}\text{tang}\,\frac{1}{2}x,$$

$$\frac{1}{2}\cot\frac{1}{2}x = \frac{1}{x} - B_1\frac{x}{2} - B_2\frac{x_3}{2.3.4} - B_3\frac{x_5}{2.3.4.5.6} - \ldots,$$

$$\frac{1}{2}\text{tang}\,\frac{1}{2}x = (2^2-1)B_1\frac{x}{2} + (2^4-1)B_2\frac{x^3}{2.3.4} + (2^6-1)B_3\frac{x^5}{2.3.4.5.6} + \ldots;$$

donc

$$(3)\quad \text{coséc}\, x = \frac{1}{x} + (2-1)B_1 x + (2^3-1)\frac{B_2 x^3}{3.4} + (2^5-1)\frac{B_3 x^5}{3.4.5.6} + \ldots.$$

II.

LOI DES NOMBRES BERNOULLIENS ; EXPRESSIONS DIVERSES DE B_n EN FONCTION DE n.

5. L'expression générale des nombres de Bernoulli a été donnée par Laplace (*Voyez* le *Traité de Calcul différentiel et intégral* de Lacroix, tome III, page 107). Mais la méthode suivie par l'illustre géomètre est très-compliquée, et nous croyons pouvoir présenter ici une solution plus simple et plus élégante de la question.

On a

$$\text{tang}\, x = \frac{\sin x}{\cos x} = \sin x\,(1-\sin^2 x)^{-\frac{1}{2}},$$

et, en développant $(1-\sin^2 x)^{-\frac{1}{2}}$ par la formule du binôme, il vient

$$(4)\quad \begin{cases} \operatorname{tang} x = \sin x + \frac{1}{2}\sin^3 x + \frac{3}{2.4}\sin^5 x + \frac{3.5}{2.4.6}\sin^7 x + \ldots + \frac{3.5.7\ldots 2n-3}{2.4.6\ldots 2n-2}\sin^{2n-1} x \\ \qquad + \frac{3.5.7\ldots(2n-3)(2n-1)}{2.4.6\ldots(2n-2).2n}[\sin^{2n+1} x + \ldots + \text{etc.}]. \end{cases}$$

Le coefficient de x^{2n-1} dans le développement de tang x en série ordonnée suivant les puissances de x est

$$\frac{1}{1.2\ldots(2n-1)}\left(\frac{d^{2n-1}\operatorname{tang} x}{dx^{2n-1}}\right)_0,$$

d'après la formule de Maclaurin ; on a donc

$$\left(\frac{d^{2n-1}.\operatorname{tang} x}{dx^{2n-1}}\right)_0 = \frac{(2n-1)(2n-2)\ldots 3.2}{2.3.4\ldots 2n}\,2^{2n}(2^{2n}-1)B_n = \frac{2^{2n}(2^{2n}-1)}{2n}B_n,$$

ou, à cause de la formule (4),

$$(5)\quad \begin{cases} \left(\frac{d^{2n-1}\operatorname{tang} x}{dx^{2n-1}}\right)_0 = \left(\frac{d^{2n-1}\sin x}{dx^{2n-1}}\right)_0 + \frac{1}{2}\left(\frac{d^{2n-1}\sin^3 x}{dx^{2n-1}}\right)_0 + \frac{3}{2.4}\left(\frac{d^{2n-1}\sin^5 x}{dx^{2n-1}}\right)_0 + \ldots \\ \qquad + \frac{3.5.7\ldots(2n-3)}{2.4.6\ldots(2n-2)}\left(\frac{d^{2n-1}\sin^{2n-1} x}{dx^{2n-1}}\right)_0 + \ldots; \end{cases}$$

mais le développement peut être arrêté au dernier terme écrit, car il est évident que pour $x = 0$, la dérivée d'ordre $2n-1$ de la fonction sin $x^{2n-1+2k}$ se réduit elle-même à zéro. Cette fonction est effectivement développable en série ordonnée suivant les puissances ascendantes de x, et le degré de son premier terme est $2n-1+2k$; en sorte que la dérivée d'ordre $2n-1$ contiendra le facteur x dans tous ses termes.

Cela posé, différentions $2n-1$ fois la formule connue

$$\sin^{2m-1} x = \frac{(-1)^m}{2^{2m-2}}\begin{cases} \frac{(2m-1)(2m-2)\ldots(m+1)}{1.2.3\ldots m-1}\sin x - \frac{(2m-1)(2m-2)\ldots m}{1.2.3\ldots(m-2)}\sin 3x \\ + \frac{(2m-1)(2m-2)\ldots(m-1)}{1.2.3\ldots m-3}\sin 5x - \ldots \\ \pm \frac{(2m-1)(2m-2)\ldots(m-i+2)}{1.2.3\ldots(m-i)}\sin(2i-1)x \mp \ldots \\ \pm \sin(2m-1)x, \end{cases}$$

nous aurons

$$\frac{d^{2n-1}\sin^{2m-1}x}{dx^{2n-1}} = \frac{(-1)^{n+1}}{2^{2m-2}}\left\{\begin{array}{l} \frac{(2m-1)(2m-2)\ldots(m+1)}{1.2.3(m-1)}\cos x \\ -3^{2n-1}\frac{(2m-1)(2m-2)\ldots m}{1.2.3\ldots(m-2)}\cos 3x \\ +5^{2n-1}\frac{(2m-1)(2m-2)\ldots(m-1)}{1.2.3\ldots(m-3)}\cos 5x - \ldots \\ \pm(2m-1)^{2n-1}\cos(2m-1)x; \end{array}\right.$$

posant successivement

$$m = 1,\ 2,\ 3,\ldots,\ n,$$

et faisant en même temps $x = 0$, il vient

$$\left(\frac{d^{2n-1}\sin x}{dx^{2n-1}}\right)_0 = (-1)^{n+1},$$

$$\left(\frac{d^{2n-1}\sin^3 x}{dx^{2n-1}}\right)_0 = \frac{(-1)^{n+1}}{2^2}\left[\frac{3}{1} - 3^{2n-1}\right],$$

$$\left(\frac{d^{2n-1}\sin^5 x}{dx^{2n-1}}\right)_0 = \frac{(-1)^{n+1}}{2^4}\left[\frac{5.4}{1.2} - \frac{5}{1}3^{2n-1} + 5^{2n-1}\right],$$

$$\left(\frac{d^{2n-1}\sin^7 x}{dx^{2n-1}}\right)_0 = \frac{(-1)^{n+1}}{2^6}\left[\frac{7.6.5}{1.2.3} - \frac{7.6}{1.2}3^{2n-1} + \frac{7}{1}5^{2n-1} - 7^{2n-1}\right],$$

. . . .

$$\left(\frac{d^{2n-1}\sin^{2n-1}x}{dx^{2n-1}}\right)_0 = \frac{(-1)^{n+1}}{2^{2n-2}}\left\{\begin{array}{l} \frac{(2n-1)(2n-2)\ldots(n+1)}{1.2.3\ldots n-1} - \frac{(2n-1)(2n-2)\ldots(n+2)}{1.2.3\ldots n-2}.3^{2n-1} \\ \qquad\ldots\mp\frac{(2n-1)}{1}(2n-3)^{2n-1} \\ \qquad\pm(2n-1)^{2n-1}. \end{array}\right.$$

Il nous est aisé maintenant, au moyen de la formule (5), d'écrire l'expression de $\left(\frac{d^{2n-1}\operatorname{tang}x}{dx^{2n-1}}\right)_0$, et comme cette expression est égale à $B_n.\frac{2^{2n}(2^{2n}-1)}{2n}$, on pourra poser

$$B_n = \frac{(-1)^{n+1}.2n}{2^{2n}(2^{2n}-1)} \left\{ \begin{array}{l} 1 \\ + \frac{1}{2^2.2}\left[\frac{3}{1} - 3^{2n-1}\right] \\ + \frac{1.3}{2^4.2.4}\left[\frac{5.4}{1.2} - \frac{5}{1}3^{2n-1} + 5^{2n-1}\right] \\ + \frac{1.3.5}{2^6.2.4.6}\left[\frac{7.6.5}{1.2.3} - \frac{7.6}{1.2}3^{2n-1} + \frac{7}{1}5^{2n-1} - 7^{2n-1}\right] \\ \cdots\cdots\cdots\cdots \\ + \frac{1.3.5\ldots(2n-3)}{2^{2n-2}.2.4.6\ldots(2n-2)} \cdot \left\{ \begin{array}{l} \frac{(2n-1)(2n-2)\ldots(n+1)}{1.2.3\ldots(n-1)} \\ - \frac{(2n-1)(2n-2)\ldots n+2}{1.2.3\ldots n-2} . 3^{2n-1} \\ \cdots\cdots\cdots\cdots \\ \mp \frac{(2n-1)}{1}(2n-3)^{2n-1} \\ \pm (2n-1)^{2n-1}; \end{array} \right. \end{array} \right.$$

telle est l'expression des nombres Bernoulliens que Laplace a obtenue le premier, en suivant une marche très-différente.

La manière d'employer cette formule est évidente. Pour trouver B_1, on fera $n = 1$, en s'arrêtant à la première ligne; pour trouver B_2, on s'arrêtera à la deuxième, en faisant $n = 2$; etc.

On obtient ainsi

$$B_1 = \frac{1}{6}, \quad B_2 = \frac{1}{30}, \quad B_3 = \frac{1}{42}, \quad B_4 = \frac{1}{30}, \quad B_5 = \frac{5}{66} \ (*).$$

---

6. Avant d'aller plus loin dans l'étude des nombres Bernoulliens, nous démontrerons une formule dont nous ferons un fréquent usage.

Cette formule est la suivante :

$$(6) \qquad \frac{1}{v} - \frac{1}{2}\cot\frac{1}{2}v = \int_0^{\infty} \frac{e^{vx} - e^{-vx}}{e^{2\pi x} - 1}\, dx.$$

(*) M. Schlomilch a publié sur ce sujet un travail que j'ai consulté utilement.

Pour l'établir, partons de la formule connue

$$\cot x = \begin{cases} \dfrac{1}{x} + \dfrac{1}{x-\pi} + \dfrac{1}{x-2\pi} + \dfrac{1}{x-3\pi} + \ldots \\ + \dfrac{1}{x+\pi} + \dfrac{1}{x-2\pi} + \dfrac{1}{x+3\pi} + \ldots . \end{cases}$$

Cette série est convergente pour toutes les valeurs de x comprises entre $-\pi$ et $+\pi$.

En effet, on peut écrire

$$\cot x - \frac{1}{x} = -\left(\frac{1}{\pi - x} - \frac{1}{\pi + x}\right) - \left(\frac{1}{2\pi - x} - \frac{1}{2\pi + x}\right) \cdots - \left(\frac{1}{n\pi - x} - \frac{1}{n\pi + x}\right),$$

ou

$$\cot x - \frac{1}{x} = -2x\left[\frac{1}{\pi^2 - x^2} + \frac{1}{4\pi^2 - x^2} + \frac{1}{9\pi^2 - x^2} \cdots + \frac{1}{n^2\pi^2 - x^2} + \ldots\right].$$

Le développement étant mis sous cette forme, on voit que pour des valeurs de x comprises entre $-\pi$ et $+\pi$, les termes entre crochets, à partir du deuxième, forment une somme moindre que

$$\frac{1}{\pi^2}\left[\frac{1}{3} + \frac{1}{8} + \frac{1}{15} + \ldots\right].$$

Or cette somme a une limite.

Cela posé, considérons l'intégrale définie $\int_0^\infty e^{-\alpha x} d\alpha = \frac{1}{x}$, qui n'a évidemment de sens qu'autant que x est plus grand que o, et il vient

$$\cot x - \frac{1}{x} = \begin{cases} \displaystyle\int_0^\infty \left[e^{-\alpha(\pi+x)} + e^{-\alpha(2\pi+x)} + e^{-\alpha(3\pi+x)} + \ldots\right] d\alpha \\ \displaystyle -\int_0^\infty \left[e^{-\alpha(\pi-x)} + e^{-\alpha(2\pi-x)} + e^{-\alpha(3\pi-x)}\right] d\alpha, \end{cases}$$

formule dans laquelle x peut prendre toutes les valeurs de $-\pi$ à $+\pi$. Cette dernière égalité revient à

$$\cot x - \frac{1}{x} = \left\{ \begin{array}{l} \int_0^\infty e^{-\alpha x} d\alpha \left[e^{-\alpha\pi} + e^{-2\alpha\pi} + e^{-3\alpha\pi} + \ldots\right] \\ - \int_0^\infty e^{\alpha x} d\alpha \left[e^{-\alpha\pi} + e^{-2\alpha\pi} + e^{-3\alpha\pi} + \ldots\right]; \end{array} \right.$$

ou bien à la suivante

$$\cot x - \frac{1}{x} = \int_0^\infty e^{-\alpha\pi} \frac{\left[e^{-\alpha x} - e^{\alpha x}\right]}{1 - e^{-\alpha\pi}} d\alpha = \int_0^\infty \frac{e^{-\alpha x} - e^{\alpha x}}{e^{\alpha\pi} - 1} d\alpha;$$

changeant x en $\frac{1}{2}\nu$, on aura

$$\cot \frac{1}{2}\nu - \frac{2}{\nu} = \int_0^\infty \frac{e^{-\frac{\alpha\nu}{2}} - e^{\frac{\alpha\nu}{2}}}{e^{\alpha\pi} - 1} d\alpha.$$

Changeons ensuite α en $2x$, $d\alpha$ devient $2dx$, et les limites restant les mêmes, il vient

$$\frac{1}{\nu} - \frac{1}{2}\cot\frac{1}{2}\nu = \int_0^\infty \frac{e^{\nu x} - e^{-\nu x}}{e^{2\pi x} - 1} dx,$$

formule qui subsiste pour toutes les valeurs de ν comprises entre -2π et $+2\pi$.

---

7. Il est aisé de déduire de là une nouvelle expression des nombres Bernoulliens. En effet,

$$e^{\nu x} - e^{-\nu x} = 2\left(\frac{\nu x}{1} + \frac{\nu^3 x^3}{1.2.3} + \frac{\nu^5 x^5}{1.2.3.4.5}\right) + \ldots$$

et, par conséquent, en vertu de la formule (6),

$$1 - \frac{\nu}{2}\cot\frac{1}{2}\nu = \frac{2\nu^2}{1}\int_0^\infty \frac{x dx}{e^{2\pi x} - 1} + \frac{2\nu^4}{1.2.3}\int_0^\infty \frac{x^3 dx}{e^{2\pi x} - 1} + \ldots$$
$$+ \frac{2\nu^{2n}}{1.2.3\ldots 2n-1}\int_0^\infty \frac{x^{2n-1} dx}{e^{2\pi x} - 1};$$

nous avons aussi, en vertu de la formule (1) où l'on change x en $\frac{1}{2}v$,

$$1-\frac{v}{2}\cot\frac{1}{2}v=\frac{B_1 v^2}{1.2}+\frac{B_2}{4}\cdot\frac{v^4}{1.2.3}+\frac{B_3}{6}\cdot\frac{v^6}{1.2.3.4.5}+\dots+\frac{B_n}{2n}\cdot\frac{v^{2n}}{1.2.3\dots(2n-1)}.$$

Identifiant ces deux développements, il vient

$$B_1=2.2\int_0^\infty\frac{x\,dx}{e^{2\pi x}-1},$$

$$B_2=2.4\int_0^\infty\frac{x^3\,dx}{e^{2\pi x}-1},$$

$$B_3=2.6\int_0^\infty\frac{x^5\,dx}{e^{2\pi x}-1},$$

. . . .

$$B_n=2.2n\int_0^\infty\frac{x^{2n-1}\,dx}{e^{2\pi x}-1}.$$

Prenons maintenant l'expression

$$\int_0^\infty\frac{x^{2n-1}\,dx}{e^{2\pi x}-1},$$

dans laquelle on fait $2\pi x=y$, on aura

$$x=\frac{y}{2\pi}\quad\text{et}\quad dx=\frac{dy}{2\pi};$$

donc l'intégrale précédente devient

$$\frac{1}{2^{2n}\pi^{2n}}\int_0^\infty\frac{y^{2n-1}\,dy}{e^y-1}=\frac{1}{2^{2n}\pi^{2n}}\int_0^\infty\frac{e^{-y}y^{2n-1}\,dy}{1-e^{-y}}.$$

Mais

$$\frac{1}{1-e^{-y}}=1+e^{-y}+e^{-2y}+e^{-3y}+\dots,$$

par conséquent,

$$B_n=\frac{2n}{2^{2n-1}\pi^{2n}}\left[\int_0^\infty e^{-y}y^{2n-1}\,dy+\int_0^\infty e^{-2y}y^{2n-1}\,dy+\int_0^\infty e^{-3y}y^{2n-1}\,dy+\dots\right].$$

En nous reportant maintenant aux propriétés de la fonction Γ [intégrale eulérienne de seconde espèce (*)], nous avons

$$\int_0^\infty e^{-y} y^{2n-1} dy = \Gamma(2n) = 1.2.3.....(2n-1),$$

$$\int_0^\infty e^{-2y} y^{2n-1} dy = \frac{1}{2^{2n}}\Gamma(2n) = \frac{1}{2^{2n}}\cdot 1.2.3.....\left(2n-1\right),$$

$$\int_0^\infty e^{-3y} y^{2n-1} dy = \frac{1}{3^{2n}}\Gamma(2n) = \frac{1}{3^{2n}}\cdot 1.2.3....(2n-1),$$

. . . .

Donc enfin

$$B_n = \frac{1}{2^{2n-1}\pi^{2n}}\cdot 1.2.3....(2n-1).2n\left[1+\frac{1}{2^{2n}}+\frac{1}{3^{2n}}+\frac{1}{4^{2n}}+\ldots\right].$$

Telle est l'expression générale des nombres Bernoulliens développée en série convergente. Cette expression contient la transcendante π et, en outre, la somme d'une série indéfinie, *mais convergente.*

La valeur B_n montre clairement que si n augmente indéfiniment, B_n devient plus grand que tout nombre donné.

Elle montre aussi que la somme

$$\left[1+\frac{1}{2^{2n}}+\frac{1}{3^{2n}}+\frac{1}{4^{2n}}+\ldots\right]$$

ne contient, si n est entier, que la seule transcendante π, puisque nous avons trouvé une expression rationnelle de B_n.

Cette même forme fait connaître (ce que nous savions déjà) entre quelles limites x doit varier pour que la formule (2), qui donne la valeur de tang x, soit convergente. La limite du rapport de deux termes consécutifs est $\frac{2^2 . x^2}{\pi^2}$, et ce rapport sera < 1 tant que x sera compris entre $-\frac{\pi}{2}$ et $+\frac{\pi}{2}$.

Ainsi, bien que B_n augmente indéfiniment, la série (2) sera toujours convergente, si x varie entre $-\frac{\pi}{2}$ et $+\frac{\pi}{2}$.

(*) A la fin de ce travail je traiterai, dans un appendice, des diverses propriétés des intégrales eulériennes dont j'aurai eu à me servir.

On verra de même que la formule (1), qui donne la valeur de cot x, est convergente pour les valeurs de x comprises entre $-\pi$ et $+\pi$.

III.

8. Je vais maintenant établir entre les nombres de Bernoulli des relations dont je ferai usage dans la suite de ce travail.

Écrivons les deux égalités connues

$$\frac{1}{v} - \frac{1}{2}\cot\frac{1}{2}v = \int_0^\infty \frac{e^{vx} - e^{-vx}}{e^{2\pi x} - 1}\,dx\ldots,$$

et

$$\frac{1}{v} - \frac{1}{2}\cot\frac{1}{2}v = \frac{B_1 v}{1.2} + \frac{B_2 v^3}{1.2.3.4} + \frac{B_3 v^5}{1.2.3.4.5.6} + \cdots + \frac{B_n v^{2n-1}}{1.2.3\ldots 2n} + \ldots.$$

Si dans l'expression

$$\int_0^\infty \frac{e^{vx} - e^{-vx}}{e^{2\pi x} - 1}\,dx$$

nous prenons $2n-1$ fois la dérivée par rapport à v de la quantité sous le signe $\int$, il est aisé de voir que nous aurons les résultats suivants :

$$\frac{x(e^{vx} + e^{-vx})}{e^{2\pi x} - 1},\quad \frac{x^2(e^{vx} - e^{-vx})}{e^{2\pi x} - 1},\quad \frac{x^3(e^{vx} + e^{-vx})}{e^{2\pi x} - 1},\ldots,\quad \frac{x^{2n-1}(e^{vx} + e^{-vx})}{e^{2\pi x} - 1};$$

cette dernière expression, quand on y fait $v = 0$, devient $\dfrac{2.\ x^{2n-1}}{e^{2\pi x} - 1}$.

En prenant également les dérivées jusqu'à l'ordre $2n-1$ inclusivement, dans le développement de $\frac{1}{v} - \frac{1}{2}\cot\frac{1}{2}v$, et en faisant $v = 0$, on trouvera $\frac{B_n}{2n}$. Ce qui conduit à la relation déjà obtenue d'une autre manière

$$\int_0^\infty \frac{x^{2n-1}}{e^{2\pi x} - 1}\,dx = \frac{B_n}{4n}.$$

Si l'on pose maintenant

$$2\cos v\left[\frac{1}{v} - \frac{1}{2}\cot\frac{1}{2}v\right] = \frac{2\cos v}{v} - \cos v\cot\frac{1}{2}v = \varphi v,$$

il viendra

(7) $$2\int_0^\infty \frac{e^{vx}-e^{-vx}}{e^{2\pi x}-1}\cdot\cos v.\,dx = \varphi\, v.$$

On a d'ailleurs aussi

$$\varphi\, v = \frac{2\cos v}{v} - \cot\frac{1}{2}v + \sin v.$$

Les développements en série de cos v et de sin v sont :

$$\cos v = 1 - \frac{v^2}{1.2} + \frac{v^4}{1.2.3.4} - \frac{v^6}{1.2.3.4.5.6} + \ldots,$$

$$\sin v = 1 - \frac{v^3}{1.2.3} + \frac{v^5}{1.2.3.4.5} + \ldots.$$

Donc

$$\varphi\, v = \frac{2}{v} - \frac{1}{2}\cdot\frac{v^3}{1.2.3} + \frac{2}{3}\,\frac{v^5}{1.2.3.4.5} - \frac{3}{4}\,\frac{v^7}{1.2.3.4.5\,6.7}\ldots$$
$$\mp \frac{n-1}{n}\cdot\frac{v^{2n-1}}{1.2.3\ldots(2n-1)} - \cot\frac{1}{2}v,$$

Et remplaçant $\cot\frac{1}{2}v$ par sa valeur, il vient

$$\varphi\, v = B_1.\frac{v}{1} + \left(\frac{B_2}{2} - \frac{1}{2}\right)\frac{v^3}{1.2.3} + \left(\frac{B_3}{3} + \frac{2}{3}\right)\frac{v^5}{1.2.3.4.5} + \ldots$$
$$+ \left(\frac{B_n}{n} \mp \frac{n-1}{n}\right)\cdot\frac{v^{2n-1}}{1.2.3\ldots(2n-1)} + \ldots.$$

Rappelons-nous maintenant la formule

$$\cos v = \frac{e^{v\sqrt{-1}} + e^{-v\sqrt{-1}}}{2};$$

d'où

$$e^{vx}\cos v = \frac{e^{v(x+\sqrt{-1})} + e^{v(x-\sqrt{-1})}}{2},$$

prenons les dérivées jusqu'à l'ordre $2n-1$ inclusivement, nous aurons

$$\frac{de^{vx}\cos v}{dv} = \frac{1}{2}\left[(x+\sqrt{-1})\,e^{v(x+\sqrt{-1})} + (x-\sqrt{-1})\,e^{v(x-\sqrt{-1})}\right],$$

$$\frac{d^2e^{vx}\cos v}{dv^2} = \frac{1}{2}\left[(x+\sqrt{+1})^2\,e^{v(x+\sqrt{-1})} + (x-\sqrt{-1})^2.e^{v(x-\sqrt{-1})}\right],$$

. . . .

$$\frac{d^{2n-1}e^{vx}\cos v}{dv^{2n-1}} = \frac{1}{2}\cdot\left[(x+\sqrt{-1})^{2n-1}\,e^{v(x+\sqrt{-1})} + (x-\sqrt{-1})^{2n-1}\,e^{v(x-\sqrt{-1})}\right];$$

faisant ensuite $v=0$, il viendra

$$\left(\frac{d^{2n-1}e^{vx}\cos v}{dv^{2n-1}}\right)_0 = \frac{(x+\sqrt{-1})^{2n-1} + (x-\sqrt{-1})^{2n-1}}{2},$$

et, en changeant x en $-x$,

$$\left(\frac{d^{2n-1}e^{-vx}\cos v}{dv^{2n-1}}\right)_0 = \frac{-(x+\sqrt{-1})^{2n-1} - (x-\sqrt{-1})^{2n-1}}{2};$$

donc

$$\left[\frac{d^{2n-1}(e^{vx}\cos v - e^{-vx}\cos v)}{dv^{2n-1}}\right]_0 = (x+\sqrt{-1})^{2n-1} + (x-\sqrt{-1})^{2n-1}\ldots$$

$$= (\sqrt{-1})^{2n-1}\,(1-x\sqrt{-1})^{2n-1} - (\sqrt{-1})^{2n-1}\,(1+x\sqrt{-1})^{2n-1},$$

et comme

$$(\sqrt{-1})^{2n-1} = \pm\frac{1}{\sqrt{-1}},$$

on peut écrire

$$\left[\frac{d^{2n-1}(e^{vx}-e^{-vx})\cos v}{dv^{2n-1}}\right]_0 = \mp\frac{(1+x\sqrt{-1})^{2n-1} - (1-x\sqrt{-1})^{2n-1}}{\sqrt{-1}}.$$

En différentiant $2n-1$ fois la fonction φv, on a évidemment, après avoir fait $v=0$,

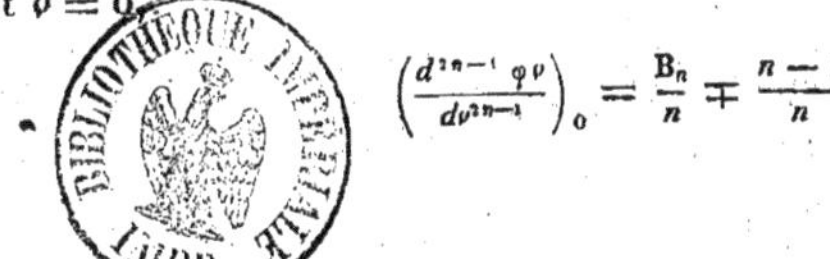

$$\left(\frac{d^{2n-1}\varphi v}{dv^{2n-1}}\right)_0 = \frac{B_n}{n} \mp \frac{n-1}{n},$$

et, par conséquent, en vertu de l'équation (7), dans laquelle on a pris les dérivées, par rapport à v, jusqu'à l'ordre $2n-1$, et où l'on a fait $v=0$, il vient

$$2\int_0^\infty \frac{(1+x\sqrt{-1})^{2n-1}-(1-x\sqrt{-1})^{2n-1}}{\sqrt{-1}}\frac{dx}{e^{2\pi x}-1}=\mp\frac{B_n}{n}+\frac{n-1}{n}.$$

En développant la quantité sous le signe $\int$, et faisant les réductions, on trouvera sans peine

$$4\int_0^\infty \frac{dx}{e^{2\pi x}-1}\left[\begin{array}{l}\frac{(2n-1)x}{1}-\frac{(2n-1)(2n-2)(2n-3)}{1.2.3}x^3\\+\frac{(2n-1)...(2n-5)}{1.2.3.4.5}x^5\pm\frac{(2n-1)(2n-2)}{1.2}x^{2n-3}\mp x^{2n-1}\end{array}\right]$$
$$=\frac{n-1}{n}\mp\frac{B_n}{n}.$$

Mais on a

$$\int_0^\infty \frac{x^{2n-1}}{e^{2\pi x}-1}dx=\frac{B_n}{4n},$$

et si l'on fait successivement n égal à 1, 2, 3,..., on arrive à la relation suivante :

$$(8)\qquad \left\{\begin{array}{l}(2n-1)\frac{B_1}{1}-\frac{(2n-1)(2n-2)(2n-3)}{1.2.3}\frac{B_2}{2}\\+\frac{(2n-1)...(2n-5)}{1.2.3.4.5}\frac{B_3}{3}+\ldots\pm\frac{(2n-1)(2n-2)}{1.2}\frac{B_{n-1}}{n-1}\end{array}\right\}=\frac{n-1}{n}.$$

---

9. Reprenons les formules

$$\int_0^\infty \frac{x^{2n-1}dx}{e^{2\pi x}-1}=\frac{B_n}{4n},$$

et

$$\int_0^\infty \frac{e^{vx}-e^{-vx}}{e^{2\pi x}-1}dx=\frac{1}{v}-\frac{1}{2}\cot\frac{1}{2}v;$$

par le changement de x en $\frac{x}{2}$, elles deviennent

$$\int_0^\infty \frac{x^{2n-1}}{e^{\pi x}-1}\,dx = \frac{2^{2n-1}B_n}{2n}$$

et

$$\int_0^\infty \frac{e^{\frac{v}{2}x} - e^{-\frac{v}{2}x}}{e^{\pi x}-1}\cdot\frac{dx}{2} = \frac{1}{v} - \frac{1}{2}\cot\frac{1}{2}v;$$

changeant ensuite $\frac{1}{2}v$ en v, on a

$$\int_0^\infty \frac{e^{vx} - e^{-vx}}{e^{\pi x}-1}\,dx = \frac{1}{v} - \cot v,$$

et multipliant par $\cos v$,

$$\int_0^\infty \frac{(e^{vx} - e^{-vx})\cos v}{e^{\pi x}-1}\,dx = \frac{\cos v}{v} + \sin v - \frac{1}{\sin v}.$$

Si nous prenons encore $2n-1$ fois les dérivées par rapport à v, et que nous fassions $v=0$, nous aurons

$$\mp\int_0^\infty \frac{(1+x\sqrt{-1})^{2n-1} - (1-x\sqrt{-1})^{2n-1}}{\sqrt{-1}}\cdot\frac{dx}{e^{\pi x}-1} = \left[\frac{d^{2n-1}\left(\frac{\cos v}{v} + \sin v - \frac{1}{\sin v}\right)}{dv^{2n-1}}\right]_0;$$

d'ailleurs

$$\frac{\cos v}{v} + \sin v = \frac{1}{v} + \frac{1\cdot v}{1.2} - \frac{3\cdot v^3}{1.2.3.4} + \frac{5\cdot v^5}{1.2.3.4.5.6} - \frac{7\cdot v^7}{1.2.3.4.5.6.7.8} + \ldots,$$

et

$$-\frac{1}{\sin v} = -\operatorname{coséc} v = -\frac{1}{v} - \frac{2B_1 v}{1.2}(2-1) - \frac{2B_2 v^3}{1.2.3.4}(2^3-1)$$
$$-\frac{2B_3 v^5(2^5-1)}{1.2.3.4.5.6} - \frac{2B_4 v^7}{1.2.3\ldots8}(2^7-1) - \ldots,$$

par conséquent,

$$\frac{\cos v}{v}+\sin v-\frac{1}{\sin v}=-\frac{v}{1.2}[2B_1(2-1)-1]-\frac{v^3}{1.2.3.4}[2B_2(2^3-1)+3]\ldots$$
$$-\frac{v^5}{1.2.3.4.5.6}[2B_3(2^5-1)-5]\ldots$$
$$-\frac{v^{2n-1}}{1.2.3\ldots2n}[2B_n(2^{2n-1}-1)\pm(2n-1)],$$

d'où

$$\left[\frac{d^{2n-1}\left(\frac{\cos v}{v}+\sin v-\frac{1}{\sin v}\right)}{dv^{2n-1}}\right]_0=-\frac{1}{2n}[2B_n(2^{2n-1}-1)\pm(2n-1)],$$

et aussi

$$\int_0^\infty\frac{(1+x\sqrt{-1})^{2n-1}-(1-x\sqrt{-1})^{2n-1}}{\sqrt{-1}}\cdot\frac{dx}{e^{\pi x}-1}=\frac{2n-1}{2n}\pm\frac{1}{2n}\cdot 2B_n(2^{2n-1}-1).$$

Développons $\frac{(1+x\sqrt{-1})^{2n-1}}{\sqrt{-1}}-\frac{(1-x\sqrt{-1})^{2n-1}}{\sqrt{-1}}$ et le premier membre de l'égalité précédente prendra la forme

$$2(2n-1)\int_0^\infty\frac{x}{e^{\pi x}-1}dx-\frac{2.(2n-1)(2n-2)(2n-3)}{1.2.3}\int_0^\infty\frac{x^3}{e^{\pi x}-1}dx$$
$$+\frac{2.(2n-1)\ldots(2n-5)}{1.2.3.4.5}\int_0^\infty\frac{x^5\,dx}{e^{\pi x}-1}\ldots\mp2\int_0^\infty\frac{x^{2n-1}.dx}{e^{\pi x}-1}.$$

Rappelons-nous maintenant que

$$2\int_0^\infty\frac{x^{2n-1}}{e^{\pi x}-1}dx=\frac{2^{2n}.B_n}{2n},$$

et en faisant successivement n égal à 1, 2, 3,..., il viendra

$$\frac{2n-1}{1.2}\cdot2^2B_1-\frac{(2n-1)(2n-2)(2n-3)}{1.2.3}\cdot\frac{2^4B_2}{4}+\ldots\pm\frac{(2n-1)(2n-2)}{1.2}\,\frac{2^{2n-2}B_{n-1}}{2n-2}$$
$$\mp\frac{2^{2n}B_n}{2n}=\pm\frac{1}{2n}\cdot2B_n(2^{2n-1}-1)+\frac{2n-1}{2n},$$

ou encore

$$\frac{1}{2n} - 1 + \frac{2n-1}{1.2} 2^2 B_1 - \frac{(2n-1)(2n-2)(2n-3)}{1.2.3} \cdot \frac{2^4 B_2}{4} + \dots$$
$$\pm \frac{(2n-1)(2n-2)}{1.2} \frac{2^{2n-2} B_{n-1}}{2n-2} = \pm (2^{2n} - 1) \frac{2 B_n}{2n}.$$

Multipliant les deux membres par $\frac{1}{\Gamma(2n)} \cdot \frac{1}{2^{2n}}$, nous arrivons à cette nouvelle relation entre les nombres Bernoulliens

$$(9) \left\{ \begin{array}{l} \frac{1}{1.2.3\dots 2n} \cdot \frac{1}{2^{2n}} - \frac{1}{1.2.3\dots(2n-1)} \cdot \frac{1}{2^{2n}} + \frac{1}{1.2.3\dots 2n-2} \cdot \frac{1}{2^{2n-2}} \frac{B_1}{1.2} + \dots \\ \qquad \pm \frac{1}{1.2} \cdot \frac{1}{2^2} \frac{B_{n-1}}{1.2.3\dots(2n-2)} = \pm \frac{2^{2n}-1}{2^{2n-1}} \frac{B_n}{1.2.3\dots 2n}. \end{array} \right.$$

Remarque. — Dans toutes ces formules le signe supérieur répond à n pair et le signe inférieur à n impair.

DEUXIÈME PARTIE.

FORMULES D'EULER ET DE STIRLING.

I.

Formule d'Euler.

10. La formule désignée ordinairement sous le nom de formule d'Euler, et qui a une grande importance en analyse, est la suivante :

$$(10)\quad \left\{ \begin{aligned} &\sum_{x_0}^{x} \mathrm{F}x = \frac{1}{h}\int_{x_0}^{x} \mathrm{F}x\,dx - \frac{1}{2}(\mathrm{F}x - \mathrm{F}x_0) + \frac{\mathrm{B}_1 h}{1.2}(\mathrm{F}'x - \mathrm{F}'x_0) \\ &\qquad - \frac{\mathrm{B}_2 h^3}{1.2.3.4}(\mathrm{F}'''x - \mathrm{F}'''x_0) + \frac{\mathrm{B}_3 h^5}{1.2.3.4.5.6}.(\mathrm{F}^{\mathrm{v}}x - \mathrm{F}^{\mathrm{v}}x_0) - \ldots \end{aligned} \right.$$

Cette formule est donnée dans le *Traité de Calcul différentiel et intégral* de Lacroix (tome III); mais, selon les habitudes des géomètres de cette époque, l'auteur ne s'occupe nullement de la condition de convergence, ni de l'expression du terme complémentaire.

Elle a été reprise et perfectionnée par Poisson, dans un Mémoire sur le calcul numérique des intégrales définies.

Le célèbre géomètre donne dans son travail une expression remarquable du reste dans un cas particulier. Cette même formule a été l'objet des recherches de Jacobi, qui arriva à une expression du terme complémentaire, pour le cas où, la différence $x - x_0$ étant divisée en parties égales à h,

$$\sum_{x_0}^{x} \mathrm{F}^{(2n)}(x+z) \quad \text{et} \quad \sum_{x_0}^{x} \mathrm{F}^{(2n+2)}(x+z)$$

restent tous deux positifs ou tous deux négatifs à la fois, quand z varie de o à h.

Mais sa discussion n'est pas générale, et il restait toujours à reconnaître s'il n'était pas possible d'évaluer le reste dans le cas où la fonction et ses dérivées étaient assujetties à la seule condition de demeurer continues entre les limites dans lesquelles la variable reste comprise.

Le problème ainsi posé a été résolu par M. Malmstén, professeur à Upsal (*Journal de Crelle*, tome XXXV).

---

11. Au lieu de présenter immédiatement la formule d'Euler sous la forme (10), M. Malmstén prend la suivante :

$$(11)\quad hf'x = \Delta fx - \frac{h}{2}\Delta f'x + \frac{B_1}{1.2}h^2\Delta f''x - \frac{B_2 h^4}{1.2.3.4}\cdot\Delta f^{\text{iv}}x + \text{etc}\ldots,$$

d'où l'on passe sans peine à la première.

L'avantage qu'il y a à employer la forme (11) pour la discussion fondamentale est évident.

En effet, si l'on considère l'expression $\sum Fx$, de deux choses l'une : ou bien elle représente une fonction continue de x, et dans cette acception la caractéristique $\sum$ est tout simplement l'inverse de Δ, comprenant implicitement avec elle une fonction indéterminée périodique, de telle sorte que $\sum Fx$ est alors complétement indéterminée, et il n'y a pas lieu de chercher un terme complémentaire; ou bien, et c'est le cas le plus ordinaire, on prend la somme entre des limites déterminées. Mais alors elle ne représente plus une fonction continue de x, de telle sorte qu'en la prenant dans cette acception, on restreint souvent la généralité des résultats. C'est ce qui arrive par exemple, quand on part de $\sum Fx$ dans la recherche du développement de $l\Gamma(x+1)$.

Il est inutile d'ajouter que l'emploi de la formule (11) ne présente aucun de ces inconvénients.

Avant de la démontrer, rappelons-nous d'abord un théorème connu relatif au développement de Taylor.

Soit une fonction fx qui reste continue, ainsi que ses $2n+1$ premières dérivées, quand on fait varier x de x à $x+h$. On a évidemment

$$f(x+h) - fx = \int_0^h f'(x+z)\,dz = \int_0^h f'(x+h-z)\,dz.$$

Prenant l'intégrale indéfinie $\int f'(x+h-z)\,dz$, et intégrant par parties, on a

$$C+\int f'(x+h-z)\,dz = zf'(x+h-z) + \frac{z^2}{1.2}f''(x+h-z) + \frac{z^3}{1.2.3}f'''(x+h-z) + \ldots + \frac{z^{2n}}{1.2.3\ldots 2n}f^{(2n)}(x+h-z) + \int \frac{z^{2n}}{1.2.3\ldots(2n)}f^{(2n+1)}(x+h-z)\,dz.$$

En intégrant ensuite entre les limites o et h, il vient

$$f(x+h)-fx=\Delta fx = hf'x + \frac{h^2}{1.2}f''x + \frac{h^3}{1.2.3}f'''x + \ldots + \frac{h^{2n}}{1.2.3\ldots 2n}f^{2n}x + \int_0^h \frac{z^{2n}}{1.2\ldots 2n}f^{(2n+1)}(x+h-z)\,dz,$$

et si l'on change de nouveau $h-z$ en z,

$$\Delta fx = hf'x + \frac{h^2}{1.2}f''x + \frac{h^3}{1.2.3}f'''x + \ldots + \frac{h^{2n}}{1.2.3\ldots n}f^{(2n)}(x) + \int_0^h \frac{(h-z)^{2n}}{1.2\ldots 2n}f^{(2n+1)}(x+z)\,dz.$$

De cette égalité découlent évidemment les suivantes :

$$\Delta f'x = hf''x + \frac{h^2}{1.2}f'''x + \ldots + \frac{h^{2n-1}}{1.2.3\ldots(2n-1)}f^{(2n)}x + \int_0^h \frac{(h-z)^{2n-1}}{1.2\ldots(2n-1)}f^{2n+1}(x+z)\,dz,$$

$$\Delta f''x = hf'''x + \ldots + \frac{h^{2n-2}}{1.2.3\ldots(2n-2)}f^{(2n)}x + \int_0^h \frac{(h-z)^{2n-2}}{1.2\ldots(2n-2)}f^{(2n+1)}(x+z)\,dz;$$

. . . .

$$\Delta f^{(2n-1)}x = \frac{h}{1}f^{(2n)}x + \int_0^h \frac{h-z}{1}f^{(2n+1)}(x+z)\,dz.$$

Si l'on multiplie les deux membres de la deuxième égalité par $A_1 h$, les deux membres de la troisième par $A_2 h^2$, ..., les deux membres de dernière par $A_{(2n-1)} h^{2n-1}$, il vient, en ajoutant,

$$
\Delta f x + A_1 h \Delta f' x + A_2 h^2 \Delta f'' x + A_3 h^3 \Delta f''' x + \ldots + A_{2n-1} h^{2n-1} \Delta f^{(2n-1)} x
$$

$$
(12)\quad = \left\{\begin{array}{l}
hf' x + h^2 f'' x \left(\frac{1}{2} + A_1\right) + h^3 f''' x \left(\frac{1}{1.2.3} + \frac{A_1}{1.2} + A_2\right) \\
+ h^4 f^{\text{IV}} x \left(\frac{1}{1.2.3.4} + \frac{A_1}{1.2.3} + \frac{A_2}{1.2} + A_3\right) + \ldots \\
+ h^{2n} f^{(2n)} x \left(\frac{1}{1.2.3\ldots 2n} + \frac{A_1}{1.2.3\ldots(2n-1)} + \frac{A_2}{1.2.3\ldots(2n-2)} + \ldots + A_{2n-1}\right) \\
+ \int_0^h f^{(2n+1)}(x+z)\,dz \left[\begin{array}{l} \frac{(h-z)^{2n}}{1.2.3\ldots 2n} + \frac{A_1 h (h-z)^{2n-1}}{1.2.3\ldots(2n-1)} + \frac{A_2 h^2 (h-z)^{2n-2}}{1.2.3\ldots(2n-2)} + \ldots \\ \qquad + \frac{A_{2n-1} h^{2n-1}(h-z)}{1} \end{array}\right]
\end{array}\right.
$$

Profitons maintenant de l'indétermination des quantités $A_1, A_2, A_3, \ldots, A_{2n-1}$, pour poser les $2n-1$ équations

$$
(13)\quad \left\{\begin{array}{l}
\frac{1}{1.2} + A_1 = 0, \\
\frac{1}{1.2.3} + \frac{A_1}{1.2} + A_2 = 0, \\
\frac{1}{1.2.3.4} + \frac{A_1}{1.2.3} + \frac{A_2}{1.2} + A_3 = 0, \\
\ldots\ldots\ldots\ldots\ldots\ldots\ldots\ldots\ldots\ldots \\
\frac{1}{1.2.3\ldots 2n} + \frac{A_1}{1.2.3\ldots(2n-1)} + \frac{A_2}{1.2.3\ldots(2n-2)} + \ldots + A_{2n-1} = 0.
\end{array}\right.
$$

Ces équations sont les mêmes que celles qui se trouvent dans Lacroix, mais nous allons en tirer des conséquences bien plus étendues.

Posons, pour abréger,

$$
\varpi(x, h) = hf' x - \Delta f x - A_1 h \Delta f' x - \ldots - A_{2n-1} h^{2n-1} \Delta f^{(2n-1)} x.
$$

Il en résulte

$$
\varpi(x, h) = -\int_0^h f^{(2n+1)}(x+z)\,dz \left[\begin{array}{l} \frac{(h-z)^{2n}}{1.2\ldots 2n} + A_1 h \frac{(h-z)^{2n-1}}{1.2\ldots(2n-1)} + \ldots \\ \qquad + A_{2n-1} h^{2n-1}(h-z) \end{array}\right].
$$

Faisons

$$\varphi(h-z)=\frac{(h-z)^{2n}}{1.2\ldots 2n}+\frac{A_1 h(h-z)^{2n-1}}{1.2\ldots(2n-1)}+\frac{A_2 h^2(h-z)^{2n-2}}{1.2\ldots(2n-2)}+\frac{A_4 h^4(h-z)^{2n-4}}{1.2\ldots(2n-4)}+\ldots+\frac{A_{2n-2}h^{2n-2}(h-z)^2}{1.2},$$

et

$$\psi(h-z)=\frac{A_3 h^3(h-z)^{2n-3}}{1.2\ldots(2n-3)}+\frac{A_5 h^5(h-z)^{2n-5}}{1.2\ldots(2n-5)}+\ldots+\frac{A_{(2n-1)}h^{2n-1}(h-z)}{1}.$$

Alors

$$\varpi(x,h)=-\int_0^h f^{(2n+1)}(x+z)\,dz\,[\varphi(h-z)+\psi(h-z)].$$

En développant

$$\varphi(h-z)+\psi(h-z),$$

on pourra écrire

$$\varphi(h-z)+\psi(h-z)=\left\{\begin{array}{l}
h^{2n}\left[\begin{array}{l}\frac{1}{1.2.3\ldots 2n}+\frac{A_1}{1.2.3\ldots(2n-1)}+\frac{A_2}{1.2.3\ldots(2n-2)}\\ +\frac{A_3}{1.2\ldots(2n-3)}+\ldots+\frac{A_{2n-1}}{1}\end{array}\right]\\
-\frac{h^{2n-1}z}{1}\left[\begin{array}{l}\frac{1}{1.2.3\ldots(2n-1)}+\frac{A_1}{1.2.3\ldots(2n-2)}+\frac{A_2}{1.2\ldots(2n-3)}\\ +\frac{A_3}{1.2\ldots(2n-4)}+\ldots+\frac{A_{2n-2}}{1}+A_{2n-1}\end{array}\right]\\
+\frac{h^{2n-2}z^2}{1.2}\left[\begin{array}{l}\frac{1}{1.2.3\ldots(2n-2)}+\frac{A_1}{1.2\ldots(2n-3)}\\ +\frac{A_2}{1.2\ldots(2n-4)}+\ldots+\frac{A_{2n-3}}{1}+A_{2n-2}\end{array}\right]\\
\ldots\ldots\ldots\ldots\ldots\ldots\ldots\ldots\ldots\ldots\ldots\ldots\\
-\frac{h^3 z^{2n-3}}{1.2\ldots(2n-3)}\left[\frac{1}{1.2.3}+\frac{A_1}{1.2}+\frac{A_2}{1}+A_3\right]\\
+\frac{h^2 z^{2n-2}}{1.2\ldots(2n-2)}\left[\frac{1}{1.2}+\frac{A_1}{1}+A_2\right]\\
-\frac{hz^{2n-1}}{1.2\ldots(2n-1)}\left[\frac{1}{1}+A_1\right]\\
+\frac{z^{2n}}{1.2.3\ldots 2n},
\end{array}\right.$$

et ayant égard aux égalités qui ont lieu entre A_1, A_2,..., A_{2n-1}; il vient, puisque $A_1 = -\frac{1}{2}$,

$$\varphi(h-z)+\psi(h-z)=\left\{\begin{array}{l} \dfrac{z^{2n}}{1.2.3\ldots 2n}+\dfrac{A_1 h z^{2n-1}}{1.2\ldots(2n-1)} \\ +\dfrac{A_2 h^2 z^{2n-2}}{1.2\ldots(2n-2)}+\ldots+\dfrac{A_{2n-2} h^{2n-2} z^2}{1.2} \\ -\left(\dfrac{A_3 h^3 z^{2n-3}}{1.2.3\ldots(2n-3)}+\dfrac{A_5 h^5 z^{2n-5}}{1.2\ldots(2n-5)}+\ldots+\dfrac{A_{2n-1} h^{2n-1} z}{1}\right); \end{array}\right.$$

mais la première partie du deuxième membre de cette égalité est évidemment φz, la deuxième $-\psi z$, donc

$$\varphi(h-z)+\psi(h-z)=\varphi z-\psi z,$$

et faisant $z=\frac{1}{2}h$,

$$\varphi\left(\frac{1}{2}h\right)+\psi\left(\frac{1}{2}h\right)=\varphi\left(\frac{1}{2}h\right)-\psi\left(\frac{1}{2}h\right);$$

d'où

$$\psi\left(\frac{1}{2}h\right)=0.$$

$\psi\left(\frac{1}{2}h\right)$ devant être nulle pour toutes les valeurs entières de n, en donnant à n successivement les valeurs 2, 3, 4, etc., on aura

$$A_3=0,\quad A_5=0,\ldots,\ A_{2n-1}=0,$$

et

$$\psi z=\psi(h-z)=0;$$

donc

$$\varphi z=\varphi(h-z),$$

et, par suite,

$$\varpi(x,h)=-\int_0^h f^{2n+1}(x+z)\varphi z dz.$$

D'ailleurs pour trouver la relation qui existe entre A_1, A_2, A_4,..., et les

4.

nombres Bernoulliens, il suffit de se reporter à la dernière des équations (13) qui, en vertu des relations

$$A_1 = -\frac{1}{2}, \qquad A_3 = A_5 = \ldots = A_{2n-1} = 0,$$

devient

$$\frac{A_{(2n-2)}}{1.2} + \frac{A_{(2n-4)}}{1.2.3.4} + \ldots + \frac{A_2}{1.2.3\ldots(2n-2)} = \frac{n-1}{1.2.3\ldots 2n},$$

multipliant par $2\Gamma(2n)$, il viendra

$$\begin{aligned} \frac{n-1}{n} = {} & 2A_2(2n-1) + 2A_4(2n-1)(2n-2)(2n-3) \\ & + \ldots 2A_{2n-2}(2n-1)(2n-2)\ldots 4.3; \end{aligned}$$

ou encore

$$\frac{n-1}{n} = \left\{ \begin{aligned} & (2n-1).1.2.\frac{A_2}{1} + \frac{(2n-1)(2n-2)(2n-3)}{1.2.3}.1.2.3.4.\frac{A_4}{2} \\ & + \frac{(2n-1)\ldots(2n-5)}{1.2.3.4.5}.1.2.3.4.5.6.\frac{A_6}{3} + \ldots + \frac{(2n-1)(2n-2)}{1.2}.1.2.3\ldots(2n-2)\frac{A_{2n-2}}{n-1}. \end{aligned} \right.$$

Si l'on compare cette formule avec la formule (8), on aura évidemment

$$(13') \qquad \begin{gathered} A_2 = \frac{B_1}{1.2}, \qquad A_4 = -\frac{B_2}{1.2.3.4}, \qquad A_6 = \frac{B_3}{1.2.3.4.5.6} \ldots, \\ A_{2n-2} = \pm \frac{B_{n-1}}{1.2.3\ldots(2n-2)}, \end{gathered}$$

selon que n est pair ou impair, ce qui est la relation qu'il s'agissait d'établir.

---

12. Considérons maintenant l'intégrale $\int_0^h \varphi z.dz$. Je dis qu'on peut écrire

$$\int_0^h \varphi z dz = 2\int_0^{\frac{h}{2}} \varphi z dz.$$

En effet

$$\varphi z = \varphi(h - z),$$

on a d'ailleurs

$$\int_0^h \varphi z\,dz = \int_0^{\frac{h}{2}} \varphi z\,dz + \int_{\frac{h}{2}}^h \varphi(h-z)\,dz.$$

Si l'on pose $h - z = z'$, il vient

$$dz = -dz',$$

et les limites $\frac{h}{2}$ et h se changent en $\frac{h}{2}$ et o; donc

$$\int_{\frac{h}{2}}^h \varphi(h-z)\,dz = \int_0^{\frac{h}{2}} \varphi z'\,dz',$$

et, par conséquent,

$$\int_0^h \varphi z\,dz = 2\int_0^{\frac{h}{2}} \varphi z\,dz.$$

La valeur de φz est donnée par la formule

$$\varphi z = \frac{z^{2n}}{1.2.3\ldots 2n} + \frac{A_1 h z^{2n-1}}{1.2.3\ldots(2n-1)} + \frac{A_2 h^2 z^{2n-2}}{1.2.3\ldots(2n-2)} + \ldots + \frac{A_{2n-2} h^{2n-2} z^2}{1.2},$$

et si nous intégrons entre les limites o et h, il viendra

$$\int_0^h \varphi z\,dz = h^{2n+1}\left[\frac{1}{1.2.3\ldots(2n+1)} + \frac{A_1}{1.2.3\ldots 2n} + \frac{A_2}{1.2.3\ldots(2n-1)} + \ldots + \frac{A_{2n-2}}{1.2.3}\right],$$

l'intégration entre les limites o et $\frac{1}{2}h$ donne

$$2\int_0^{\frac{1}{2}h} \varphi z\,dz = h^{2n+1}\left[\frac{1}{1.2.3\ldots(2n+1)}\cdot\frac{1}{2^{2n}} + \frac{A_1}{1.2.3\ldots 2n}\cdot\frac{1}{2^{2n-1}} + \ldots + \frac{A_{2n-2}}{A_{2n-2}}\cdot\frac{1}{2^2}\right].$$

Dans la dernière des formules (13) changeons n en $n+1$ et rappelons-nous que

$$A_3 = A_5 = \ldots = A_{2n-1} = 0,$$

on aura

$$\frac{1}{1.2.3\ldots(2n+1)}+\frac{A_1}{1.2.3\ldots 2n}+\ldots+\frac{A_{2n-2}}{1.2.3}+A_{2n}=0.$$

Mais on a aussi

$$\int_0^h \varphi z dz = 2\int_0^{\frac{1}{2}h} \varphi z dz,$$

d'où résulte la relation

$$(14)\quad -A_{2n}=\frac{1}{1.2.3\ldots(2n+1)}\cdot\frac{1}{2^{2n}}+\frac{A_1}{1.2.3\ldots 2n}\cdot\frac{1}{2^{2n-1}}+\ldots+\frac{A_{2n-2}}{1.2.3}\cdot\frac{1}{2^2}.$$

Propriétés fondamentales de la fonction φz.

13. 1°. La fonction φz ne change pas de signe entre les limites $z=0$ et $z=h$ de l'intégration, elle est toujours positive entre ces limites si n est pair, et négative si n est impair.

Pour le démontrer, remarquons d'abord, comme cela a été dit plus haut, qu'on obtiendra toutes les valeurs que peut prendre la fonction φz entre 0 et h en faisant varier seulement z de 0 à $\frac{1}{2}h$.

Si nous considérons maintenant l'expression $z+A_1 h$, dans laquelle $A_1=-\frac{1}{2}$, il est évident qu'elle sera négative pour toutes les valeurs comprises entre 0 et $\frac{1}{2}h$.

Mais pour $n=1$ on a

$$\varphi z=\frac{z^2}{1.2}+\frac{A_1 hz}{1}.$$

Sa dérivée est $z+A_1 h$, et négative pour toutes les valeurs de z comprises entre 0 et $\frac{1}{2}h$; donc φz décroît, et comme elle est nulle pour $z=0$, elle sera négative pour les valeurs de z considérées.

Si $n = 2$,

$$\varphi z = \frac{z^4}{1.2.3.4} + \frac{A_1 h z^3}{1.2.3} + \frac{A_2 h^2 z^2}{1.2},$$

et

$$\varphi' z = \frac{z^3}{1.2.3} + \frac{A_1 h z^2}{1.2} + A_2 h^2 z.$$

Mais l'expression $\frac{z}{3} + \frac{A_1 h}{2}$ est négative pour toutes les valeurs de z comprises entre o et $\frac{1}{2}h$, et il en sera de même de $\int_z^{\frac{1}{2}h} \left(\frac{z}{3} + \frac{A_1 h}{2}\right) dz$, qui sera la somme d'un nombre infini de termes négatifs infiniment petits. Or on a

$$\int_z^{\frac{1}{2}h} \left(\frac{z}{3} + \frac{A_1 h}{2}\right) dz = -\left(\frac{z^2}{2.3} + \frac{A_1 h}{2} \cdot z\right) + h^2 \left(\frac{1}{2.3} \frac{1}{2^2} + \frac{A_1}{2} \cdot \frac{1}{2}\right),$$

ce qui, en vertu de la formule (14), devient

$$\int_z^{\frac{1}{2}h} \left(\frac{z}{3} + \frac{A_1 h}{2}\right) dz = -\left[\frac{z^2}{1.2.3} + \frac{A_1 h z}{1.2} + A_2 h^2\right],$$

et comme l'intégrale définie est essentiellement négative, la quantité entre parenthèses est positive.

Ainsi qu'il est aisé de le voir, cette quantité n'est autre chose que $\frac{1}{z}\varphi' z$; la fonction $\varphi' z$ est donc positive pour toutes les valeurs de z comprises entre o et $\frac{1}{2}h$. Comme d'ailleurs φz est nulle pour $z = 0$, la valeur qui répond à $n = 2$ sera positive pour toutes les valeurs de z considérées, puisque la fonction est croissante.

Si $n = 3$,

$$\varphi z = \frac{z^6}{1.2.3.4.5.6} + \frac{A_1 h z^5}{1.2.3.4.5} + \frac{A_2 h^2 z^4}{1.2.3.4} + \frac{A_4 h^4 z^2}{1.2},$$

et

$$\varphi' z = \frac{z^5}{1.2.3.4.5} + \frac{A_1 h z^4}{1.2.3.4} + \frac{A_2 h^2}{1.2.3} + A_4 h^4 z.$$

Reprenons l'expression $\frac{z^3}{1.2.3} + \frac{A_1 h z^2}{1.2} + A_2 h^2 z$, qui est positive pour toutes les valeurs de z comprises entre o et $\frac{1}{2} h$. Multiplions par h^{-6}, et il est évident que

$$\int_h^\infty h^{-6} dh \left[\frac{z^3}{1.2.3} + \frac{A_1 h z^2}{1.2} + A_2 h^2 z \right]$$

sera positive.

Cette intégrale définie devient

$$\frac{z^3}{1.2.3} \frac{h^{-5}}{5} + \frac{A_1 z}{1.2} \frac{h^{-4}}{4} + \frac{A_2}{1} \frac{h^{-3}}{3};$$

donc

$$\frac{z^3}{1.2.3} \frac{1}{5} + \frac{A_1 z^2}{1.2} \frac{h}{4} + \frac{A_2 z}{1} \frac{h^3}{3}$$

est positif pour toutes les valeurs de z comprises entre o et $\frac{1}{2} h$.

Il en sera de même de

$$\int_z^{\frac{1}{2} h} \left(\frac{z^3}{1.2.3} \frac{1}{5} + \frac{A_1 z^2}{1.2} \frac{h}{4} + \frac{A_2 z}{1} \frac{h^2}{3} \right) dz;$$

qui est évidemment

$$-\left(\frac{z^4}{1.2.3.4.5} + \frac{A_1 h z^3}{1.2.3.4} + \frac{A_2 h^2 z^2}{1.2.3} \right) + h^4 \left(\frac{1}{1.2.3.4.5} \cdot \frac{1}{2^4} + \frac{A_1}{1.2.3.4} \cdot \frac{1}{2^3} + \frac{A_2}{1.2.3} \cdot \frac{1}{2^2} \right).$$

On pourra donc écrire, en vertu de la relation (14),

$$\int_z^{\frac{1}{2} h} \left(\frac{z^3}{1.2.3} \frac{1}{5} + \frac{A_1 z^2}{1.2} \frac{h}{4} + \frac{A_2 z}{1} \frac{h^2}{3} \right) dz = -\left(\frac{z^4}{1.2.3.4.5} + \frac{A_1 h z^3}{1.2.3.4} + \frac{A_2 h^2 z^2}{1.2.3} + A_4 h^2 \right);$$

et comme la valeur de l'intégrale est essentiellement positive, la quantité entre parenthèses doit être négative. Mais cette quantité n'est autre chose que $\frac{1}{z}\varphi' z$; donc $\varphi' z$ est négative: or pour $z = 0$, $\varphi z = 0$; donc φz, fonction décroissante, est négative pour les valeurs de z considérées lorsque $n = 3$.

On poursuivra sans peine le même raisonnement pour toutes les valeurs entières de n.

La première propriété énoncée se trouve ainsi démontrée.

2°. La fonction φz a entre $z = 0$ et $z = h$ un seul maximum pour $z = \frac{1}{2}h$ si n est pair, et un seul minimum pour les mêmes valeurs de z si n est impair.

Cette propriété se démontre très-facilement, car on a

$$\varphi z = \varphi(h - z),$$

et en prenant les dérivées $\varphi' z = -\varphi'(h - z)$, d'ailleurs pour $z = \frac{1}{2}h$,

$$\varphi'\left(\frac{1}{2}h\right) = -\varphi'\left(\frac{1}{2}h\right) = 0.$$

Mais, toutes les fois que n est pair, $\varphi' z$ est positive pour les valeurs de z comprises entre 0 et $\frac{1}{2}h$; φz, qui est positive et croissante pour de pareilles valeurs de z, croîtra donc de $z = 0$ à $z = \frac{1}{2}h$, et comme la fonction repasse par les mêmes valeurs pour des valeurs de z équidistantes de $\frac{1}{2}h$, elle aura un seul maximum qui arrivera pour $z = \frac{1}{2}h$.

Un raisonnement identique avec le précédent montrera que la fonction φz, toujours négative dans le cas de n impair, si z varie entre 0 et h, passera par un minimum pour $z = \frac{1}{2}h$, minimum qui répondra d'ailleurs à un maximum en valeur absolue.

---

14. Ces propriétés de la fonction φz une fois établies, revenons à la formule (12).

Rappelons-nous que l'on a

$$A_3 = A_5 = A_7 = \ldots A_{2n-1} = 0,$$

$$A_1 = -\frac{1}{2}, \quad A_2 = \frac{B_1}{1.2}, \quad A_4 = -\frac{B_2}{1.2.3.4}, \quad A_6 = \frac{B_3}{1.2.3.4.5.6} \ldots, \text{ etc.}$$

Rappelons-nous aussi que l'intégrale définie qui entre dans le second membre peut, d'après ce qui a été dit plus haut, être mise sous la forme

$$\int_0^h f^{2n+1}(x+z).\varphi z.dz,$$

et alors la formule en question devient

$$(15)\left\{\begin{aligned} hf'x = \Delta fx - \frac{h}{2}\Delta f'x + \frac{B_1}{1.2}h^2\Delta f''x - \frac{B_2 h^4}{1.2.3.4}.\Delta f^{(\text{IV})}x + \frac{B_3 h^6}{1.2.3.4.5.6}\Delta f^{(\text{VI})}x \\ \pm \frac{B_{n-1} h^{2n-2}}{1.2.3\ldots(2n-2)}\Delta.f^{(2n-2)}x - \int_0^h f^{(2n+1)}(x+z)\varphi z dz. \end{aligned}\right.$$

Mais φz garde le même signe pour toutes les valeurs de z comprises entre o et h; donc l'intégrale définie est égale à la somme des facteurs $\varphi z.dz$, multipliée par une valeur moyenne comprise entre la plus grande et la plus petite valeur que peut prendre la fonction $f^{(2n+1)}(x+z)$ quand z varie de o à h, cette fonction étant continue entre les limites de l'intégrale. On pourra d'après cela écrire

$$\int_0^h f^{(2n+1)}(x+z)\,dz = f^{(2n+1)}(x+\theta h)\int_0^h \varphi z dz,$$

θ étant compris entre o et 1, et en désignant par R le reste de la série,

$$R = -f^{(2n+1)}(x+\theta h)\int_0^h \varphi z dz.$$

D'ailleurs

$$\int_0^h \varphi z dz = h^{2n+1}\left(\frac{1}{1.2.3\ldots(2n+1)} + \frac{A_1}{1.2.3\ldots 2n} + \frac{A_2}{1.2.3\ldots(2n-1)} + \cdots + \frac{A_{2n-2}}{1.2.3}\right),$$

d'où, en ayant recours aux équations (13) et (13'),

$$\int_0^h \varphi z dz = -A_{2n} h^{2n+1} = \pm \frac{B_n}{1.2.3\ldots 2n} \cdot h^{2n+1};$$

donc

$$R = \mp \frac{B_n}{1.2.3\ldots 2n} h^{2n+1} f^{(2n+1)}(x+\theta h),$$

et par conséquent aussi

$$(16) \left\{ \begin{aligned} hf'x = \Delta fx - \tfrac{1}{2} h \Delta f' x + \frac{B_1 h^2}{1.2} \Delta f'' x + \ldots \pm \frac{B_{n-1} h^{2n-2}}{1.2.3\ldots(2n-2)} \Delta f^{(2n-2)} x \\ \mp \frac{B_n h^{2n}}{1.2.3\ldots 2n} f^{2n+1}(x+\theta h). \end{aligned} \right.$$

Si dans la formule (15) nous faisons $x = x$ et $x = x_0$ et que nous retranchions membre à membre les équations obtenues, il viendra

$$(17) \left\{ \begin{aligned} h(f'x - f'x_0) = \Delta fx - \Delta fx_0 - \tfrac{1}{2} h(\Delta f'x - \Delta f'x_0) + \frac{B_1 h^2}{1.2}(\Delta f''x - \Delta f''x_0) \\ \pm \frac{B_{n-1}}{1.2.3\ldots(2n-2)} (\Delta f^{(2n-2)} x - \Delta f^{(2n-2)} x_0) \\ - \int_0^h \varphi z dz \left[f^{(2n+1)}(x+z) - f^{(2n+1)}(x_0+z) \right], \end{aligned} \right.$$

et comme φz garde le même signe pour toutes les valeurs de z comprises entre o et h, le dernier terme du second membre sera égal à $\int_0^h \varphi z dz$ multiplié par une valeur moyenne que prendra l'expression

$$f^{(2n+1)}(x+z) - f^{(2n+1)}(x_0+z),$$

lorsqu'on y fera varier z de $z = 0$ à $z = h$; on aura donc

$$(17') \left\{ \begin{aligned} h(f'x - f'x_0) = \Delta fx - \Delta fx_0 - \tfrac{1}{2} h(\Delta f'x - \Delta f'x_0) \\ + \frac{B_1 h^2}{1.2} (\Delta f''x - \Delta f''x_0) \\ \pm \frac{B_{n-1}}{1.2.3\ldots(2n-2)} (\Delta f^{2n-2} - \Delta f^{2n-2} x_0) \\ \mp \frac{B_n h^{2n+1}}{1.2.3\ldots 2n} \left[f^{(2n+1)}(x+\theta h) - f^{(2n+1)}(x_0+\theta h) \right]. \end{aligned} \right.$$

Pour arriver à la formule connue sous le nom de formule d'Euler, il suffit de poser

$$\Delta f'(x+z) = F(x+z),$$

d'où

$$f'(x+z) = \sum F(x+z) + C,$$

et par suite

$$f'(x+z) - f'(x_0+z) = \sum_{x_0}^{x} F(x+z),$$

C disparaissant si l'on suppose $x - x_0$ égal à un multiple exact de h : on a aussi

$$\begin{aligned}
\Delta fx - \Delta fx_0 &= \int_{x_0}^{x} Fx\,dx, \\
\Delta f'x - \Delta f'x_0 &= Fx - Fx_0, \\
\Delta f''x - \Delta f''x_0 &= F'x - F'x_0, \\
&\ldots\ldots\ldots\ldots \\
&\ldots\ldots\ldots\ldots
\end{aligned}$$

et

$$f^{(2n+1)}(x+z) - f^{(2n+1)}(x_0+z) = \sum_{x_0}^{x} F^{2n}(x+z).$$

Donc

$$(10')\left\{\begin{aligned} h\sum_{x_0}^{x} Fx = \int_{x_0}^{x} Fx\,dx - \frac{h}{2}(Fx - Fx_0) + \frac{B_1 h^2}{1.2}(F'x - F'x_0)\ldots \\ \pm \frac{B_{n-1} h^{2n-2}}{1.2\ldots(2n-2)}(F^{(2n-3)}x - F^{(2n-3)}x_0) \mp \frac{B_n h^{2n+1}}{1.2\ldots 2n}\sum_{x_0}^{x} F^{2n}(x+\theta h). \end{aligned}\right.$$

Ce qui est la formule d'Euler avec son terme complémentaire.

Posons $x - x_0 = ih$, et désignons par M la plus grande valeur numérique de $F^{(2n)}x$ quand x varie de x_0 à $x_0 + ih$, il est évident que

$$\sum_{x_0}^{x} F^{(2n)}(x+\theta h)$$

sera en valeur absolue moindre que Mi et par conséquent

$$\sum_{x_0}^{x} F^{2n}(x+\theta h) < \frac{x-x_0}{h}\cdot M;$$

il vient alors

$$R_1 = \frac{\theta B_n h^{2n}}{1.2\ldots 2n}(x-x_0)M,$$

R_1 désignant la valeur absolue du reste.

---

15. Supposons maintenant que $f^{(2n-1)}(x+z)$ conserve le même signe quand on fait varier z de o à h.

Dans cette hypothèse $\int_0^h f^{(2n+1)}(x+z)\varphi z dz$ sera égale à une somme de facteurs tous de même signe $f^{2n+1}(x+z)\,dz$, multipliée par une valeur moyenne que prendra la fonction φz quand z variera de o à h, ou à

$$\varphi(\theta h)\times\int_0^h f^{(2n+1)}(x+z)\,dz = \varphi(\theta h)[f^{2n}(x+h) - f^{(2n)}x];$$

donc en revenant à la formule (15) on aura pour l'expression du reste

$$R = -\varphi(\theta h)\Delta f^{2n}(x):$$

mais la plus grande valeur de la fonction $\varphi(z)$ est $\varphi\left(\frac{1}{2}h\right)$; donc

$$R = -\theta\varphi\left(\frac{1}{2}h\right)\Delta f^{(2n)}x,$$

θ étant compris entre o et 1.

La formule (13) qui donne φz devient pour $z = \frac{1}{2}h$

$$\varphi\left(\frac{1}{2}h\right) = h^{2n}\left[\frac{1}{1.2.3\ldots 2n}\times\frac{1}{2^{2n}} + \frac{A_1}{1.2.3\ldots(2n-1)}\cdot\frac{1}{2^{2n-1}} + \ldots + \frac{A_{2n-2}}{1.2}\cdot\frac{1}{2^2}\right]$$

ou avec les nombres Bernoulliens

$$\varphi\left(\frac{1}{2}h\right)=h^{2n}\left\{\begin{aligned}&\frac{1}{1.2.3\ldots 2n}\cdot\frac{1}{2^{2n}}-\frac{1}{2}\cdot\frac{1}{1.2\ldots(2n-1)}\cdot\frac{1}{2^{2n-1}}+\frac{B_1}{1.2}\cdot\frac{1}{1.2\ldots(2n-2)}\cdot\frac{1}{2^{2n-2}}\\&-\frac{B_2}{1.2.3.4}\cdot\frac{1}{1.2.3\ldots(2n-4)}\cdot\frac{1}{2^{2n-4}}+.\\&\pm\frac{B_{n-1}}{1.2.3\ldots(2n-2)}\cdot\frac{1}{1.2}\cdot\frac{1}{2^2};\end{aligned}\right.$$

donc en vertu de la formule (9)

$$\varphi\left(\frac{1}{2}h\right)=\pm\frac{B_n h^{2n}}{1.2\ldots 2n}\cdot\frac{2^{2n}-1}{2^{2n+1}}$$

et en se reportant à la valeur de R,

$$R=\mp\theta\frac{2^{2n}-1}{2^{2n-1}}\cdot\frac{B_n h^{2n}}{1.2\ldots 2n}\cdot\Delta f^{2n}x,$$

ce qui est une nouvelle expression du terme complémentaire de la formule (15).

De même si dans la formule (17) $f^{(2n+1)}(x+z)-f^{2n+1}(x_0+z)$ conserve le même signe quand on fait varier z entre les limites o et h, on a

$$\begin{aligned}&\int_0^h\left[f^{(2n+1)}(x+z)-f^{(2n+1)}(x_0+z)\right]\varphi z\,dz\\&=\varphi(\theta h)\left[f^{(2n)}(x+h)-f^{(2n)}(x_0+h)-f^{(2n)}x+f^{2n}x_0\right]\\&=\varphi(\theta h)\left[\Delta.f^{(2n)}x-\Delta.f^{(2n)}x_0\right].\end{aligned}$$

D'où résulte l'égalité

$$(18)\left\{\begin{aligned}&h(f'x-f'x_0)=\Delta fx-\Delta fx_0-\frac{h}{2}\left[\Delta f'x-\Delta f'x_0\right]+\frac{B_1 h^2}{1.2}\left[\Delta.f''x-\Delta f''x_0\right]-\ldots\\&\pm\frac{B_{n-1}h^{2n-2}}{1.2.3\ldots m-2}\left[\Delta f^{(2n-2)}x-\Delta.f^{(2n-2)}x_0\right]\\&\mp\frac{\theta\ 2^{2n}-1}{2^{2n-1}}\cdot\frac{B_n h^{2n}}{1.2\ldots 2n}\left[\Delta f^{(2n)}x-\Delta f^{(2n)}x_0\right].\end{aligned}\right.$$

---

16. Pour repasser à la formule d'Euler, on fera comme au paragraphe **14**, et il viendra

$$(19)\left\{\begin{aligned} h\sum_{x_0}^{x} \mathrm{F}x &= \int_0^x \mathrm{F}x.dx - \frac{1}{2}\left(\mathrm{F}x - \mathrm{F}x_0\right) + \frac{\mathrm{B}_1 h^2}{1.2.}\left(\mathrm{F}'x - \mathrm{F}'x_0\right) - \ldots \\ &\pm \frac{\mathrm{B}_{n-1} h^{2n-2}}{1.2.\ldots(2n-2}\left(\mathrm{F}^{(2n-3)}x - \mathrm{F}^{(2n-3)}x_0\right) \\ &\mp \theta\frac{\mathrm{B}_n h^{2n}}{1\ 2\ldots 2n}\cdot\frac{2^{2n}-1}{2^{2n-1}}\left(\mathrm{F}^{(2n-1)}x - \mathrm{F}^{(2n-1)}x_0\right). \end{aligned}\right.$$

Il est presque inutile d'ajouter qu'en employant cette formule on suppose que $\sum_{x_0}^{x} \mathrm{F}^{(2n)}(x+z)$ conserve le même signe quand on fait varier z de $z=0$ à $z=h$.

Je ferai remarquer ici que pour arriver au terme complémentaire de la série (10′) aussi bien qu'à celui de la série (19), il n'est pas nécessaire de supposer i entier. Seulement, dans le cas où i serait fractionnaire, chacun de ces restes devrait être accompagné d'une quantité $\mathrm{C}=\zeta x-\zeta x_0$, ζx étant une fonction périodique de x qui repasse par les mêmes valeurs quand on change x en $x+h$.

Nous n'avons parlé de ce cas que dans le but de montrer la généralité de la méthode, nous le laisserons de côté désormais.

---

17. Poisson trouve un terme complémentaire dont la forme diffère un peu de celle qui précède, et il arrive à cette conséquence remarquable, savoir que si $\mathrm{F}^{(2n)}x$ garde le même signe depuis $x=x_0$ jusqu'à $x=x$, le reste de la série, en s'arrêtant à un certain terme, est moindre que le dernier conservé.

On arrive ici à la même conclusion.

En effet, revenons à la formule (15), dont le dernier terme est

$$-\int_0^h \varphi z f^{(2n+1)}(x+z)\,dz,$$

Si nous supposons que $f^{(2n+1)}(x+z)$ garde le même signe entre les limites de l'intégration, il sera

$$\mathrm{R}=\mp\theta.\frac{2^{2n}-1}{2^{2n-1}}\cdot\frac{\mathrm{B}_n\ h^{2n}}{1.2\ldots 2n}\cdot\Delta f^{(2n)}x,$$

et l'on pourra mettre (15) sous la forme

$$(20)\left\{\begin{aligned} h.f'x &= \Delta.fx - \frac{h}{2}\Delta f'x + \frac{B_1 h^2}{1.2}\Delta.f''x - \ldots \pm \frac{B_{n-1} h^{2n-2}}{1.2\ldots(2n-2)}\Delta f^{(2n-2}x \\ &\mp \frac{B_n h^{2n}}{1.2\ldots 2n}\Delta.f^{2n}x \pm \left(1-\theta.\frac{2^{2n}-1}{2^{2n-1}}\right)\frac{B_n h^{2n}}{1.2\ldots 2n}\Delta f^{(2n)}.x, \end{aligned}\right.$$

d'où l'on tirera, comme plus haut,

$$h(f'x - f'x_0) = \Delta fx - \Delta fx_0 + \ldots, \text{ etc.}$$

et enfin

$$(21)\left\{\begin{aligned} h\sum_{x_0}^{x} \mathrm{F}x &= \int_{x_0}^{x} \mathrm{F}x.dx - \frac{1}{2}(\mathrm{F}x - \mathrm{F}x_0)\ldots \\ &\mp \frac{B_n h^{2n}}{1.2\ldots 2n}(\mathrm{F}^{(2n-1)}x - \mathrm{F}^{(2n-1)}x_0) \\ &\pm \left(1-\theta.\frac{2^{2n}-1}{2^{2n-1}}\right)\frac{B_n h^{2n}}{1.2\ldots 2n}(\mathrm{F}^{(2n-1)}x - \mathrm{F}^{(2n-1)}x)_0, \end{aligned}\right.$$

où l'on suppose que $\sum_{x_0}^{x} \mathrm{F}^{(2n)}(x+z)$ ne change pas de signe quand z varie de $z = 0$ à $z = h$.

Cela arrivera évidemment si $\mathrm{F}x$ garde toujours le même signe quand x varie de $x = x_0$ à $x = x$, comme le suppose Poisson, mais pourra encore arriver dans d'autres cas.

Si nous remarquons maintenant que $\frac{2^{2n}-1}{2^{2n-1}}$ est plus petit que 2, $1 - \theta\frac{2^{2n}-1}{2^{2n-1}}$ sera en valeur absolue plus petit que 1, et le reste de la série sera évidemment moindre que le dernier terme conservé, sans qu'il soit possible par cette analyse d'en déterminer le signe.

18. Cela posé, M. Malmstén se place dans l'hypothèse où $f^{2n+1}(x+z)$ et $f^{2n+3}(x+z)$ ne changent pas de signe quand z varie entre o et h. Il peut alors se présenter deux cas : ces deux fonctions ont le même signe, ou elles ont des signes contraires; et dans chacun de ces cas il trouve une expression du terme complémentaire avec son signe en évidence. Reprenons d'abord la formule (16), et changeons-y n en $n+1$.

Le terme complémentaire deviendra

$$\pm \frac{B_{n+1}.\, h^{2n+2}}{1.2.3\ldots(2n+2)}.f^{2n+3}(x+\theta h).$$

Ce terme dans la formule (20) est

$$\pm \frac{B_n h^{2n}}{1.2\ldots 2n}.\left(1-\theta\frac{2^{2n}-1}{2^{2n-1}}\right)\int_0^h f^{(2n+1)}(x+z)\,dz,$$

car on sait que

$$\int_0^h f^{(2n+1)}(x+z)\,dz = \Delta f^{(2n)}x;$$

mais il est évident que si $f^{(2n+3)}(x+z)$ et $f^{(2n+1)}(x+z)$ gardent le même signe quand z varie de o à h, $1-\theta\frac{2^{2n}-1}{2^{2n-1}}$ sera positif, soit

$$\theta.\frac{2^{2n}-1}{2^{2n-1}}.=\theta_1;$$

et dès lors

$$\mp \frac{\theta_1 B_n h^{2n}}{1.2\ldots 2n}\Delta f^{(2n)}(x)$$

représentera le terme complémentaire de la série (15).

Si $f^{(2n+3)}(x+z)$ et $f^{(2n+1)}(x+z)$ sont de signe contraire entre les mêmes limites de z, $1-\Theta.\frac{2^{2n}-1}{2^{2n-1}}$ sera négatif et égal à

$$-\theta_2.\frac{2^{2n}-1}{2^{2n-1}},$$

θ_2 étant compris entre o et 1, et le reste de la série mise sous la forme (20) sera

$$\mp \frac{\theta_2 B_n h^{2n}}{1.2.3\ldots 2n}\cdot\frac{2^{2n}-1}{2^{2n-1}}\Delta f^{2n}(x);$$

on pourra donc, selon les cas, écrire

$$(15')\quad hf'x = \Delta fx - \frac{h}{2}\Delta f'x + \ldots \pm B_{n-1}\frac{h^{2n-2}}{1.2\ldots(2n-2)}\Delta f^{2n-2}x \mp \theta_1\frac{B_n h^{2n}}{1.2\ldots 2n}\Delta f^{2n}(x)$$

ou

$$(20')\quad hf'x = \Delta fx - \frac{h}{2}\Delta f'x + \ldots \mp \frac{B_n h^{2n}}{1.2\ldots 2n}\Delta f^{2n}x \mp \frac{\theta_2 B_n h^{2n}}{1.2.3\ldots 2n}\,\frac{2^{2n}-1}{2^{2n-1}}\,\Delta f^{(2n)}x.$$

Revenons maintenant à la formule d'Euler, et dans (10′) changeons n en $n+1$, le terme complémentaire deviendra

$$\pm\frac{h^{2n+2}B_{n+1}}{1.2.3\ldots(2n+2)}\sum\nolimits_{x^0}^{x} F^{(2n+2)}(x+\theta h),$$

et dans (21) ce même terme est de la forme

$$\pm\frac{B_n h^{2n}}{1.2\ldots 2n}\left(1-\theta.\frac{2^{2n}-1}{2^{2n-1}}\right)\int_0^h \sum\nolimits_{x_0}^{x} F^{(2n)}(x+z)\,dz,$$

car

$$\int_0^h \sum\nolimits_{x_0}^{x} F^{(2n)}(x+z)\,dz = F^{(2n-1)}x - F^{(2n-1)}x_0.$$

En raisonnant comme plus haut on verra que si $\sum_{x_0}^{x} F^{2n+2}(x+z)$ et $\sum_{x_0}^{x} F^{2n}(x+z)$ gardent le même signe pour toutes les valeurs de z comprises entre o et h, on pourra écrire les deux formules suivantes, où les signes des termes complémentaires sont connus :

1°. Si $\sum_{x_0}^{x} F^{(2n+2)}(x+z)$ et $\sum_{x_0}^{x} F^{2n}(x+z)$ sont de même signe,

$$(22)\left\{\begin{aligned} &h\sum\nolimits_{x_0}^{x} Fx = \int_{x_0}^{x} Fx.dx - \frac{h}{2}(Fx - Fx_0) + \frac{B_1 h^2}{1.2}(F'x - F'x_0) - \frac{B_2 h^4}{1.2.3\,4}(F'''x - F'''x_0)\\ &\qquad \pm \frac{B_{n-1}h^{2n-2}}{1.2\ldots(2n-2)}(F^{(2n-3)}x - F^{(2n-3)}x_0) \mp \frac{\theta B_n h^{2n}}{1.2\ldots 2n}(F^{(2n-1)}x - F^{(2n-1)}x_0).\end{aligned}\right.$$

2°. Si $\sum_{x_0}^{x} F^{(2n+2)}(x+z)$ et $\sum_{x_0}^{x} F^{(2n)}(x+z)$ sont de signes contraires,

$$(23)\quad \left\{\begin{aligned} h.\sum_{x_0}^{x} Fx = \int_{x_0}^{x} Fx\,dx - \frac{h}{2}(Fx - Fx_0) + \frac{B_1 h^2}{1.2}(F'x - F'x_0) - \frac{B_2 h^4}{1.2.3.4}(F'''x - F'''x_0)\ldots \\ \pm\frac{B_{n-1}.h^{2n-2}}{1.2\ldots(2n-2)}(F^{2n-3}x - F^{2n-3}x_0)\ldots\ldots \\ \mp\frac{B_n.h^{2n}}{1.2\ldots 2n}(F^{2n-1}x - F^{(2n-1)}x_0) \mp \theta\,\frac{2^{2n}-1}{2^{2n-1}}.\frac{B_n h^{2n}}{1.2\ldots 2n}(F^{(2n-1)}x - F^{(2n-1}x_0). \end{aligned}\right.$$

Dans (22) et (23), on suppose la continuité de la fonction $F(x+z)$ et de ses dérivées, continuité qui doit s'étendre jusqu'à $F^{(2n+2)}(x+z)$ (*).

Ces formules résument le perfectionnement remarquable, ou, pour mieux dire, le perfectionnement définitif que M. Malmstén a donné à la formule d'Euler.

Les séries trouvées plus haut peuvent, dans un grand nombre de cas, présenter au commencement une convergence sensible, puis devenir ensuite divergentes par suite de l'accroissement des nombres Bernoulliens, mais l'expression si simple qu'on a donnée du terme complémentaire permettra en général d'assigner dans un cas donné le terme auquel on devra s'arrêter pour avoir la plus grande approximation possible.

II.

Formule de Stirling.

19. Parmi les nombreux développements en série que donne Stirling dans son ouvrage intitulé : ***Methodus differentialis, sive Tractatus de summatione***

(*) La formule (22) avait été trouvée par Jacobi, mais la formule (23) est due à M. Malmstén.

serierum, se trouve la suivante :

$$(24)\quad \left\{\begin{aligned} & l1 + l2 + l3 + \ldots + lx = \tfrac{1}{2}\, l2\pi + x\, lx - x + \tfrac{1}{2}\, lx \\ & \qquad + \frac{B_1}{1.2}\cdot\frac{1}{x} - \frac{B_3}{3.4}\cdot\frac{1}{x^3} + \frac{B_5}{5.6}\cdot\frac{1}{x^5} - \ldots . \end{aligned}\right.$$

Cette formule, qui a gardé le nom de son auteur, est justement célèbre, tant par son utilité que par la propriété singulière qu'elle présente.

Elle donne, en effet, le moyen d'évaluer rapidement la somme des logarithmes de la suite des nombres naturels depuis 1 jusqu'à x, et avec d'autant plus d'exactitude que x est plus grand. Cette opération se présente souvent dans le calcul des probabilités, et il serait la plupart du temps impossible de la faire directement.

Mais ce qui a surtout attiré l'attention des géomètres, c'est que cette série, très-convergente pour de grandes valeurs de x quand on se borne aux premiers termes, devient divergente quand on en prend un plus grand nombre, et cela quelque grandes que soient les valeurs attribuées à la variable x.

Malgré cette singularité, elle n'a pas été abandonnée des analystes; ils l'ont conservée à cause de sa grande utilité, et en ont légitimé l'emploi en donnant son terme complémentaire.

C'est ce qu'ont fait entre autres MM. Liouville et Cauchy.

Nous allons traiter la question en donnant d'une manière générale le développement de $l\Gamma(x+1)$, où x peut avoir des valeurs positives quelconques.

Ce développement est une application de la formule (15') trouvée plus haut.

---

20. Pour y arriver, partons des formules connues

$$\Gamma(x) = \int_0^\infty e^{-\alpha}\alpha^{x-1}\,d\alpha$$

et

$$l\Gamma(x) = \int_0^\infty \left[(x-1)e^{-\alpha} - \frac{e^{-\alpha} - e^{-\alpha x}}{1 - e^{-\alpha}}\right]\frac{d\alpha}{\alpha};$$

d'après cela, nous pouvons écrire

$$f'x = l.\Gamma(x) = \int_0^\infty \left[(x-1)e^{-\alpha} - \frac{e^{-\alpha} - e^{-\alpha x}}{1 - e^{-\alpha}}\right]\frac{d\alpha}{\alpha},$$

et, en prenant les dérivées successives par rapport à x,

$$f''x = \frac{d.l\Gamma(x)}{dx} = \int_0^\infty \left[\frac{e^{-\alpha}}{\alpha} - \frac{e^{-\alpha x}}{1-e^{-\alpha}}\right]d\alpha,$$

$$f'''x = \frac{d^2 l\Gamma(x)}{dx^2} = \int_0^\infty \frac{\alpha e^{-\alpha x}}{1-e^{-\alpha}}\cdot d\alpha,$$

$$f^{\text{IV}}x = \ldots = -\int_0^\infty \frac{\alpha^2 e^{-\alpha x}}{1-e^{-\alpha}}\,d\alpha,$$

$$\ldots\ldots\ldots\ldots\ldots\ldots\ldots\ldots\ldots,$$

$$f^{(i)}x = \ldots = \mp \int_0^\infty \frac{\alpha^{(i-2)} e^{-\alpha x}}{1-e^{-\alpha}}\cdot d\alpha,$$

selon que i est pair ou impair.

Cela posé, on a

$$\Delta fx = \int_0^h f'(x+z).dz = \int_0^h l.\Gamma(x+z)\,dz,$$

et si l'on fait $h = 1$,

$$\Delta fx = \int_0^1 l.\Gamma(x+z).dz.$$

Posons

$$x + z = y + 1;$$

d'où

$$dz = dy.$$

Les limites de l'intégrale deviennent

$$x - 1 \quad \text{et} \quad x;$$

et, par conséquent,

$$\Delta fx = \int_{x-1}^{x} l.\Gamma(y+1)\,dy = \int_{0}^{x} l.\Gamma(y+1)\,dy - \int_{0}^{x-1} l.\Gamma(y+1)\,dy$$
$$= \int_{0}^{1} l.\Gamma(y+1)\,dy + \int_{1}^{x} l.\Gamma(y+1)\,dy - \int_{0}^{x-1} l.\Gamma(y+1)\,dy.$$

Soit

$$y + 1 = y', \quad \text{d'où} \quad dy = dy';$$

les limites o et $x - 1$ se changent en 1 et x, et

$$\int_{0}^{x-1} l\Gamma(y+1)\,dy = \int_{1}^{x} l.\Gamma(y').dy';$$

supprimant l'accent, il vient

$$\Delta fx = \int_{0}^{1} l.\Gamma(y+1)\,dy + \int^{x} [l.\Gamma(y+1) - l\Gamma y]\,dy$$
$$= \int_{0}^{1} l\Gamma(y+1)\,dy + \int^{x} l.\frac{\Gamma(y+1)}{\Gamma(y)}.dy:$$

mais

$$\frac{\Gamma.(y+1)}{\Gamma(y)} = y,$$

et, par conséquent,

$$\Delta fx = \int_{0}^{1} l.\Gamma(y+1)\,dy + \int_{1}^{x} ly.dy = \int_{0}^{1} l.\Gamma(y+1).dy + xlx - x + 1.$$

D'après une formule connue, on a

$$(a) \qquad \int_{0}^{1} l.\Gamma(y+1)\,dy = \tfrac{1}{2}l.2\pi - 1.$$

Donc

$$\Delta fx = \tfrac{1}{2}l.2\pi + xlx - x,$$

et en prenant les dérivées successives,

$$\Delta f' x = lx, \qquad \Delta f^{\text{VI}} x = \frac{1.2.3.4}{x^5},$$

$$\Delta f'' x = \frac{1}{x}, \qquad \ldots\ldots\ldots\ldots\ldots$$

$$\Delta f''' x = -\frac{1}{x^2}, \qquad \Delta f^{(2n-2)} = \frac{1.2.3\ldots(2n-4)}{x^{2n-3}},$$

$$\Delta f^{\text{IV}} x = \frac{1.2}{x^3}, \qquad \Delta f^{2n} x = \frac{1.2.3\ldots(2n-2)}{x^{2n-1}}.$$

Revenons à la formule (15′), et rappelons-nous que $f^{(2n+1)}(x+z)$ et $f^{(2n+3)}(x+z)$ sont essentiellement positifs. Il vient, en faisant $h=1$,

$$f'x = \Delta fx - \frac{1}{2}\Delta f'x + \frac{B_1}{1.2}\Delta f''x - \frac{B_2}{1.2.3.4}\cdot\Delta . f^{\text{IV}}x\ldots$$
$$\pm \frac{B_{n-1}}{1.2\ldots(2n-2)}\Delta . f^{(2n-2)}x \mp \theta\cdot\frac{B_n}{1.2\ldots 2n}\Delta . f^{2n}x,$$

et remplaçant, dans la relation précédente, les Δ par leurs valeurs, nous trouvons

$$l\Gamma(x) = \frac{1}{2}l2\pi + \left(x-\frac{1}{2}\right)lx - x + \frac{B_1}{1.2}\frac{1}{x} + \ldots.$$

Remarquons maintenant que

$$\Gamma(x+1) = x\Gamma(x),$$

d'où

$$l.\Gamma(x+1) = l\Gamma(x) + lx,$$

et nous aurons

$$l\Gamma(x+1) = \frac{1}{2}l2\pi + \left(x+\frac{1}{2}\right)lx - x + \frac{B_1}{1.2}\cdot\frac{1}{x} - \frac{B_2}{3.4}\cdot\frac{1}{x^3} + \frac{B_3}{5.6}\cdot\frac{1}{x^5}$$
$$\mp \frac{B_{n-1}}{(2n-3)(2n-2)}\cdot\frac{1}{x^{2n-3}} \mp \frac{\theta.B_n}{(2n-1).2n}\cdot\frac{1}{x^{2n-1}}.$$

Ainsi que nous l'avons dit plus haut, la formule de Stirling est rapidement convergente dans ses premiers termes pour de grandes valeurs de x, mais, en s'avançant plus loin dans la série, les termes ne tardent pas à croître de nouveau, et cela quelque grand que soit x.

Pour s'en convaincre, il suffit de prendre le rapport d'un terme au précédent et de passer à la limite en faisant n infini.

Ce rapport est

$$\frac{B_n.(2n-3)(2n-2)}{B^{n-1}(2n-1)2n}\cdot\frac{1}{x^2},$$

qui doit à la limite être plus petit que 1, ce qui conduit à l'inégalité

$$x^2 > \frac{(2n-2)(2n-3)}{2^2\pi^2}$$

ou à une valeur infinie de x quand n est infini.

Néanmoins, puisque l'on connaît le terme complémentaire de la série, il sera toujours facile, dans un cas donné, de trouver le terme auquel on devra s'arrêter pour avoir la plus grande approximation possible.

Développement de $l.\Gamma(x)$ en série convergente.

21. Nous partirons encore de la formule connue

$$l\Gamma(x) = \int_0^\infty \left[(x-1)e^{-\alpha} - \frac{e^{-\alpha} - e^{-\alpha x}}{1-e^{-\alpha}}\right]\frac{d\alpha}{\alpha},$$

qui donne en prenant la dérivée par rapport à x,

$$\frac{\Gamma'(x)}{\Gamma.(x)} = \int_0^\infty \left[\frac{e^{-\alpha}}{\alpha} - \frac{e^{-\alpha x}}{1-e^{-\alpha}}\right] d\alpha.$$

Posons

$$e^{-\alpha} = t,$$

d'où

$$d\alpha = -\frac{1}{t}dt \quad \text{et} \quad \alpha = -l.t,$$

pour $\alpha = 0$, $t = 1$ et pour $\alpha = \infty$, $t = 0$.

Les limites de l'intégrale deviennent donc 1 et 0, et, par conséquent,

$$\frac{\Gamma'(x)}{\Gamma(x)} = \int_1^0 \left[\frac{t}{lt} + \frac{t^x}{1-t}\right] \cdot \frac{dt}{t} = \int_0^1 \left[\frac{1}{l\left(\frac{1}{t}\right)} - \frac{t^{x-1}}{1-t}\right] dt.$$

Si nous faisons maintenant $x = 1$, il viendra

$$\int_0^1 \left[\frac{1}{l\left(\frac{1}{t}\right)} - \frac{1}{1-t}\right] dt = \frac{\Gamma'(1)}{\Gamma(1)} = \Gamma'(1) = -C,$$

C étant une constante dont la valeur a été calculée par Legendre et dont il suffit ici de constater l'existence. Nous aurons d'après cela

$$\frac{\Gamma'(x)}{\Gamma(x)} + C = \int_0^1 \frac{1-t^{x-1}}{1-t} \cdot dt.$$

Or

$$\frac{1}{1-t} = 1 + t^2 + t^3 + t^4 + \ldots;$$

donc

$$\frac{\Gamma'(x)}{\Gamma(x)} + C = \int_0^1 (1-t^{x-1}).dt + \int_0^1 (1-t^{x-1})t.dt + \int_0^1 (1-t^{x-1})\,t^2\,dt + \ldots.$$

L'intégrale générale du second membre est

$$t - \frac{t^x}{x} + \frac{t^2}{2} - \frac{t^{x+1}}{x+1} + \frac{t^3}{3} - \frac{t^{x+2}}{x+2} + \ldots;$$

et si nous la prenons entre les limites 0 et 1, nous pourrons écrire

$$\frac{d.l\Gamma(x)}{dx} = -C + \left(1 - \frac{1}{x}\right) + \left(\frac{1}{2} - \frac{1}{x+1}\right) + \left(\frac{1}{3} - \frac{1}{x+2}\right) + \ldots,$$

d'où

$$\frac{d^2.l\Gamma(x)}{dx^2} = \frac{1}{x^2} + \frac{1}{(x+1)^2} + \frac{1}{(x+2)^2} + \frac{1}{(x+3)^2} + \ldots.$$

Considérons actuellement l'expression

$$V = \sum_{m=0}^{m=\infty} \left[\left(x + m + \frac{1}{2} \right) l \left(1 + \frac{1}{x+m} \right) - 1 \right] = \sum_{m=0}^{m=\infty} u_m.$$

En développant en série $l\left(1 + \frac{1}{x+m}\right)$, on voit que u_m sera donné par la formule

$$u_m = \left[x + m + \frac{1}{2} \right] \left[\frac{1}{x+m} - \frac{1}{2(x+m)^2} + \frac{1-\theta}{3(x+m)^3} \right] - 1,$$

Prenons deux fois la dérivée de la fonction V, il vient

$$\frac{dV}{dx} = \sum_{m=0}^{m=\infty} \left[l \left(1 + \frac{1}{x+m} \right) - \frac{1}{2} \left(\frac{1}{x+m} + \frac{1}{x+m+1} \right) \right]$$

et

$$\frac{d^2V}{dx^2} = \sum_{m=0}^{m=\infty} \left\{ -\frac{1}{x+m} + \frac{1}{x+m+1} + \frac{1}{2} \left[\frac{1}{(x+m)^2} + \frac{1}{(x+m+1)^2} \right] \right\}.$$

Or il est évident que, m recevant toutes les valeurs entières de 0 à l'infini, cette dernière expression se réduit à

$$\frac{d^2V}{dx^2} = -\frac{1}{x} - \frac{1}{2x^2} + \sum_{m=0}^{m=\infty} \left[\frac{1}{(x+m)^2} \right],$$

série qui sera convergente pour toutes les valeurs de x plus grandes que 0.

Si cette série est convergente, celle qui donne $\frac{dV}{dx}$, et, par suite, celle qui donne l'expression de V, l'est aussi.

Cela posé, on a

$$\sum_{m=0}^{m=\infty} \left[\frac{1}{(x+m)^2} \right] = \frac{d^2 l \Gamma(x)}{dx^2}.$$

Il vient alors

$$\frac{d^2 V}{dx^2} = -\frac{1}{x} - \frac{1}{2x^2} + \frac{d^2 l\Gamma(x)}{dx^2},$$

ou

$$\frac{d^2 l\Gamma(x)}{dx^2} = \frac{1}{x} + \frac{1}{2x^2} + \frac{d^2 V}{dx^2};$$

donc

$$\frac{d.l\Gamma(x)}{dx} = lx - \frac{1}{2x} + \frac{dV}{dx} + B,$$

et en intégrant encore une fois,

$$l\Gamma(x) = A + Bx + xlx - x - \frac{1}{2}lx + V;$$

de là résulte

$$l\Gamma(x+1) = A + Bx + xlx - x + \frac{1}{2}lx + V.$$

Il reste à déterminer les constantes A et B.

La formule (24) (formule de Stirling) est

$$l\Gamma(x+1) = \frac{1}{2}l2\pi + xlx - x + \frac{1}{2}lx + \frac{\theta B_1}{1.2}\cdot\frac{1}{x};$$

donc

$$A - \frac{1}{2}l2\pi + Bx + V - \frac{\theta B_1}{1.2}\cdot\frac{1}{x} = 0,$$

et divisant par x,

$$\frac{A - \frac{1}{2}l2\pi}{x} + B + \frac{1}{x}\left[V - \frac{\theta B_1}{1.2}\cdot\frac{1}{x}\right] = 0.$$

La quantité entre crochets se réduit à o pour $x = \infty$; car V et $\frac{\theta B_1}{1.2}\cdot\frac{1}{x}$ sont nuls pour cette valeur de x, donc

$$B = 0.$$

Cela étant, on a aussi

$$A = \frac{1}{2} l 2\pi.$$

Donc enfin on a la série convergente

$$(25) \qquad l\Gamma(x+1) = \frac{1}{2} l 2\pi + \left(x + \frac{1}{2}\right) lx - x + \sum_{m=0}^{m=\infty} u_m.$$

Cette formule a été donnée par M. Liouville dans le cours qu'il fait au Collége de France. J'en dois la connaissance à M. Serret, qui a démontré la convergence de la série $\sum u_m$, comme je l'ai exposé plus haut.

APPENDICE RELATIF AUX INTÉGRALES EULÉRIENNES DE PREMIÈRE ET DE SECONDE ESPÈCE.

22. Je terminerai ce travail par l'exposition des propriétés des intégrales eulériennes dont j'ai eu à me servir.

De la fonction $\Gamma(x)$ *ou intégrale eulérienne de deuxième espèce.*

La fonction $\Gamma(x)$ est caractérisée par l'intégrale définie

$$\Gamma(x) = \int_0^\infty e^{-\alpha} . \alpha^{(x-1)} . d\alpha,$$

expression dans laquelle x est nécessairement plus grand que o. Elle n'aurait aucun sens pour des valeurs nulles ou négatives de x.

L'intégration par parties donne

$$(\varepsilon) \qquad \int_0^\infty e^{-\alpha} . \alpha^{(x-1)} . d\alpha = (x-1) \int_0^\infty e^{-\alpha} . \alpha^{(x-2)} d\alpha,$$

expression dans laquelle x est nécessairement plus grand que 1. On a donc

$$\Gamma(x) = (x-1).\Gamma(x-1).$$

Si l'on attribue à x les valeurs entières

$$2, \quad 3, \quad 4, \ldots, x,$$

il vient

$$\begin{aligned}
\Gamma(2) &= \Gamma(1),\\
\Gamma(3) &= 2\,\Gamma(2),\\
\Gamma(4) &= 3\,\Gamma(3),\\
&\ldots\ldots\ldots\\
\Gamma(x) &= (x-1)\,\Gamma(x-1).
\end{aligned}$$

Donc

$$\Gamma(x) = 1.2.3\ldots(x-1)\,\Gamma(1);$$

mais

$$\Gamma(1) = \int_0^\infty e^{-\alpha}\,d\alpha = 1,$$

et, par conséquent,

$$\Gamma(x) = 1.2.3.4\ldots(x-1).$$

---

23. Soit l'expression $\int_0^\infty e^{-m\alpha}\,\alpha^{n-1}\,d\alpha$, dans laquelle on suppose $m > 0$.

Posant

$$m\alpha = \beta,$$

d'où

$$\alpha = \frac{\beta}{m} \quad \text{et} \quad d\alpha = \frac{d\beta}{m}.$$

Il vient

$$\int_0^\infty e^{-m\alpha}.\alpha^{n-1}.d\alpha = \frac{1}{m^n}\int_0^\infty e^{-\beta}.\beta^{n-1}.d\beta = \frac{1}{m^n}\Gamma(n),$$

et remplaçant m par x

$$\int_0^\infty e^{-\alpha x}.\alpha^{n-1}.d\alpha = \frac{\Gamma(n)}{x^n}.$$

Si d'ailleurs on fait $n = 1$,

$$\Gamma(n) = \Gamma(1) = 1,$$

et l'on arrive à la relation

$$\int_0^\infty e^{-\alpha x} d\alpha = \frac{1}{x}$$

qui est évidente.

---

24. Je vais maintenant démontrer la formule qui m'a servi de point de départ dans le n° **20**. On a

$$\frac{dx}{x} = \int_0^\infty e^{-\alpha x}.dx.d\alpha,$$

d'où, intégrant entre les limites 1 et x,

$$(a) \qquad lx = \int_0^\infty \frac{e^{-\alpha} - e^{-\alpha x}}{\alpha}.d\alpha.$$

Dans le cas où x est entier on peut faire successivement x égal à $1, 2, 3, \ldots (x-1)$, et alors

$$l\Gamma(x) = \int_0^\infty \left\{ (x-1)e^{-\alpha} - [e^{-\alpha} + e^{-2\alpha} \ldots + e^{-(x-1)\alpha}] \right\} \frac{d\alpha}{\alpha},$$

et comme

$$e^{-\alpha} + e^{-2\alpha} + \ldots + e^{-(x-1)\alpha} = \frac{e^{-\alpha} - e^{-\alpha x}}{1 - e^{-\alpha}},$$

il vient

$$(26) \qquad l\Gamma(x) = \int_0^\infty \left[(x-1)e^{-\alpha} - \frac{e^{-\alpha} - e^{-\alpha x}}{1 - e^{-\alpha}} \right] \frac{d\alpha}{\alpha}.$$

Cette formule (26) n'est ainsi démontrée que pour le cas de x entier; mais d'après le point de vue plus général sous lequel nous avons donné le développement de $l\Gamma(x+1)$, il est indispensable de démontrer qu'elle est vraie sans restriction pour toutes les valeurs positives de x.

Voici la démonstration adoptée par M. Serret dans son *Algèbre supérieure* et qui ne diffère pas essentiellement de celle de M. Cauchy.

Nous avons

$$\Gamma(x) = \int_0^\infty e^{-\alpha} . \alpha^{x-1} . d\alpha,$$

d'où, en prenant les dérivées par rapport à x,

$$\Gamma'(x) = \int_0^\infty e^{-\alpha} . \alpha^{x-1} . l\alpha . d\alpha.$$

Mais d'après la formule (a),

$$l\alpha = \int_0^\infty \frac{e^{-\beta} - e^{-\alpha\beta}}{\beta} . d\beta;$$

donc

$$\Gamma'(x) = \int_0^\infty \left[e^{-\beta} \int_0^\infty e^{-\alpha} . \alpha^{x-1} . d\alpha - \int_0^\infty e^{-(\beta+1)\alpha} . \alpha^{x-1} . d\alpha \right] \frac{d\beta}{\beta}.$$

$\int_0^\infty e^{-\alpha} . \alpha^{x-1} . d\alpha$ est la fonction $\Gamma(x)$,

$$\int_0^\infty e^{-(\beta+1)\alpha} . \alpha^{x-1} . d\alpha = \frac{\Gamma(x)}{(\beta+1)^x}.$$

Par conséquent,

$$\frac{\Gamma'(x)}{\Gamma(x)} = \int_0^\infty \left[e^{-\beta} - \frac{1}{(\beta+1)^x}\right]\frac{d\beta}{\beta}.$$

On a d'ailleurs

$$\int_1^x \left[e^{-\beta} - \frac{1}{(\beta+1)^x}\right] dx = e^{-\beta}(x-1) - \frac{(\beta+1)^{-1} - (\beta+1)^{-x}}{l(\beta+1)},$$

et comme

$$\frac{\Gamma'(x)}{\Gamma(x)} = \frac{d.\,l\Gamma(x)}{dx},$$

on peut écrire

$$l.\Gamma(x) = \int_0^\infty \left[e^{-\beta}(x-1) - \frac{(\beta+1)^{-1} - (\beta+1)^{-x}}{l(\beta+1)}\right]\frac{d\beta}{\beta}.$$

Faisons, dans cette expression, $x = 2$ et nous aurons en vertu de la relation $\Gamma(2) = \Gamma(1)$,

$$l\Gamma(2) = l\Gamma(1) = l.\,1 = 0,$$

d'où

$$\int_0^\infty \left[e^{-\beta} - \frac{(\beta+1)^{-1} - (\beta+1)^{-2}}{l(\beta+1)}\right]\frac{d\beta}{\beta} = 0:$$

or

$$-[(\beta+1)^{-1} - (\beta+1)^{-2}] = (\beta+1)^{-2}(1-\beta-1) = -(\beta+1)^{-2}.\beta,$$

donc

$$\int_0^\infty \left[e^{-\beta} - \frac{(\beta+1)^{-2}.\beta}{l(\beta+1)}\right]\frac{d\beta}{\beta} = \int_0^\infty \left[\frac{e^{-\beta}}{\beta} - \frac{(\beta+1)^{-2}}{l(\beta+1)}\right] d\beta = 0,$$

et aussi

$$\int_0^\infty \frac{(x-1)e^{-\beta}}{\beta} d\beta = \int_0^\infty \frac{(x-1)(\beta+1)^{-2}}{l(\beta+1)} d\beta;$$

la valeur de $l\Gamma(x)$ pourra alors se mettre sous la forme

$$l\Gamma(x) = \int_0^\infty \frac{1}{l(1+\beta)}\left[(x-1)(1+\beta)^{-2} - \frac{(1+\beta)^{-1} - (1+\beta)^{-x}}{\beta}\right].$$

Posons

$$1+\beta=e^{\alpha} \quad \text{d'où} \quad l(1+\beta)=\alpha \quad \text{et} \quad d\beta=e^{\alpha}\,d\alpha,$$

les limites restent les mêmes, et il vient

$$l\Gamma(x)=\int_0^{\infty}\left[(x-1)e^{-2\alpha}-\frac{e^{-\alpha}-e^{-\alpha x}}{e^{\alpha}-1}\right]\frac{e^{\alpha}\,d\alpha}{\alpha},$$

et enfin

$$l\Gamma(x)=\int_0^{\infty}\left[(x-1)e^{-\alpha}-\frac{e^{-\alpha}-e^{-\alpha x}}{1-e^{-\alpha}}\right]\frac{d\alpha}{\alpha}.$$

Ce qui est la formule qu'il s'agissait d'établir d'une manière générale.

De la fonction B (p, q), *ou intégrale eulérienne de première espèce. Ses relations avec la fonction* Γ.

25. Cette fonction se définit par l'égalité suivante :

$$B(p,q)=\int_0^1 x^{(p-1)}(1-x)^{q-1}\,.\,dx,$$

où x est compris entre 0 et 1, p et q sont positifs.

Il est d'abord facile de voir que

$$B(p\,.\,q)=B(q\,.\,p),$$

c'est-à-dire que la fonction reste la même quand on change p en q et q en p.

En effet, dans $B(q, p)$ faisons $1-x=x'$, d'où $x=1-x'$, et l'on aura évidemment

$$B(q,p)=\int_0^1 x^{q-1}\,.\,(1-x)^{p-1}\,dx=-\int_1^0(1-x')^{q-1}\,.\,x'^{(p-1)}\,dx'$$
$$=\int^1 x'^{(p-1)}\,.\,(1-x')\,dx'=\ldots=B(p,q).$$

26. La fonction Γ peut s'écrire

$$\Gamma(p) = \int_0^\infty e^{-\alpha} . \alpha^{p-1} . d\alpha,$$

et en posant

$$\alpha = x^2, \quad \text{d'où} \quad d\alpha = 2x dx,$$

il vient

$$(a) \qquad \Gamma(p) = 2\int_0^\infty e^{-x^2} . x^{2p-1} . dx,$$

et de même

$$(b) \qquad \Gamma(q) = 2\int_0^\infty e^{-y^2} . y^{2q-1} . dy.$$

Reprenons maintenant l'expression

$$B(p, q) = \int_0^1 x^{p-1} (1 - x)^{q-1} . dx,$$

dans laquelle, avons-nous dit, x est compris entre 0 et 1. Cela étant, soient

$$x = \sin^2 \omega, \quad 1 - x = \cos^2 \omega, \quad dx = 2 \sin \omega \cos \omega \, d\omega.$$

Pour $x = 0$, $\omega = 0$, et pour $x = 1$, $\omega = \frac{\pi}{2}$, donc

$$(d) \quad B(p, q) = 2\int_0^{\frac{\pi}{2}} \sin^{2p-1} \omega . \cos^{2q-1} \omega d\omega = 2\int_0^{\frac{\pi}{2}} \cos^{(2p-1)} \omega . \sin^{(2q-1)} \omega \, d\omega.$$

Multipliant les égalités (a) et (b) membre à membre, il vient

$$\Gamma(p)\Gamma(q) = 4\int_0^\infty e^{-x^2} . x^{2p-1} . dx \int_0^\infty e^{-y^2} . y^{2q-1} . dy$$

$$= 4\int_0^\infty \int_0^\infty e^{-x^2-y^2} . x^{(2p-1)} . y^{(2q-1)} . dx \, dy,$$

et si nous faisons

$$(c) \qquad e^{-x^2-y^2} . x^{(2p-1)} . y^{(2q-1)} = z,$$

l'intégrale double $4\int_0^\infty\int_0^\infty z\,dx\,dy$ représentera un volume s'étendant à l'infini du côté des x et des y positifs, compris dans le trièdre OXYZ et limité par la surface donnée par l'équation (c).

Mais, au lieu d'estimer ce volume en employant les coordonnées rectilignes, on peut employer les coordonnées polaires dans le plan des XY.

Posons

$$x = \rho\cos\omega, \quad y = \rho\sin\omega.$$

Le volume d'un élément prismatique sera dans ce système représenté par

$$\rho z\,d\rho\,d\omega,$$

l'intégrale relative à ρ étant prise de o à l'infini, et l'intégrale relative à ω de o à $\frac{\pi}{2}$. On a d'ailleurs

$$x^2 + y^2 = \rho^2,$$
$$x^{2p-1} = \rho^{2p-1}\cos^{2p-1}\omega,$$
$$y^{2q-1} = \rho^{2q-1}\sin^{2q-1}\omega,$$

et en faisant les substitutions

$$\Gamma(p)\,\Gamma(q) = 4\int_0^\infty\int_0^{\frac{\pi}{2}} e^{-\rho^2}.\,\rho^{2p+2q-1}.\,\cos^{2p-1}\omega\,.\,\sin^{2q-1}\omega\,d\rho\,d\omega.$$

Ce qui peut s'écrire aussi

$$\Gamma(p)\Gamma(q) = 4\int_0^{\frac{\pi}{2}}\cos^{(2p-1)}\omega.\sin^{(2q-1)}\omega.\,d\omega\int_0^\infty e^{-\rho^2}\rho^{2p+2q-1}\,d\rho.$$

Or

$$2\int_0^\infty e^{-\rho^2}.\rho^{2p+2q-1}.d\rho = \int_0^\infty e^{-\rho^2}.\rho^{2(p+q-1)}.d(\rho^2) = \Gamma(p+q).$$

On a d'ailleurs par la formule (d)

$$2\int_0^{\frac{\pi}{2}}\cos^{2p-1}.\omega\sin^{2q-1}.\omega\,d\omega = \mathrm{B}(pq);$$

d'où

$$\Gamma(p).\Gamma(q) = \mathrm{B}(p,q).\Gamma(p+q),$$

ou encore

$$(27) \qquad B(p, q) = \frac{\Gamma(p).\Gamma(q)}{\Gamma(p+q)}.$$

De là on tire les relations suivantes:

Si $q = 1 - p$, ce qui exige qu'on ait $p < 1$, on aura

$$1^{\circ}. \qquad B(p, 1-p) = \frac{\Gamma(p)\Gamma(1-p)}{\Gamma(1)} = \Gamma(p).\Gamma(1-p).$$

2°. Si $p = 1 - p = \frac{1}{2}$,

$$B\left(\frac{1}{2}, \frac{1}{2}\right) = \Gamma\left(\frac{1}{2}\right)^2;$$

mais

$$B\left(\frac{1}{2}, \frac{1}{2}\right) = \int_0^1 x^{-\frac{1}{2}}(1-x)^{-\frac{1}{2}}\,dx = 2\int_0^{\frac{\pi}{2}} d\omega = \pi.$$

3°. Donc aussi $\Gamma\left(\frac{1}{2}\right) = \sqrt{\pi}$.

---

27. Reprenons la formule

$$B(p, q) = \int_0^1 x^{(p-1)}(1-x)^{(q-1)}\,dx,$$

dans laquelle nous faisons

$$1 - x = \frac{1}{1+y}, \quad \text{d'où} \quad dx = \frac{dy}{(1+y)^2}.$$

Les limites de l'intégrale deviennent o et ∞ ; soit d'ailleurs $q = 1 - p$, on aura

$$B(p, 1-p) = \int_0^{\infty} \frac{y^{p-1}}{1+y} \cdot dy.$$

Posons

$$y = z^{2n},$$

d'où
$$dy = 2nz^{2n-1}\,dz \quad \text{et} \quad y^{p-1} = z^{2n(p-1)},$$

il viendra

$$B(p, 1-p) = 2n = \int_0^\infty \frac{z^{2np-1}}{1+z^{2n}} dz.$$

Posons aussi

$$2np - 1 = 2m, \quad \text{d'où} \quad p = \frac{2m+1}{2n}.$$

Ce qui est permis, car on peut toujours supposer n assez grand pour qu'une valeur p' attribuée à p diffère de $\frac{2m+1}{2n}$ d'une quantité aussi petite qu'on voudra.

D'après cela, on peut écrire

$$B(p, 1-p) = 2n \int_0^\infty \frac{z^{2m}}{1+z^{2n}} dz.$$

Mais l'intégrale étant mise sous cette forme, on voit que la fonction $\frac{z^{2m}}{1+z^{2n}}$ ne change pas quand on change z en $-z$, et par conséquent

$$B(p, 1-p) = \Gamma(p).\Gamma(1-p) = n \int_{-\infty}^{\infty} \frac{z^{2m}}{1+z^{2n}} \cdot dz.$$

Il s'agit de trouver cette intégrale définie, et pour cela considérons la suivante :

$$\int_{-x}^{x} \frac{x^{2m}}{1+x^{2n}} \cdot dx.$$

Les racines de l'équation binôme

$$1 + x^{2n} = 0$$

sont de la forme

$$\cos\nu \pm \sqrt{-1}\sin\nu,$$

expression dans laquelle $\nu = \frac{(2k+1)\pi}{2n}$, et où k peut prendre toutes les valeurs entières de 0 à $n-1$ inclusivement.

On aura donc

$$\int_{-x}^{x} \frac{x^{2m}}{1+x^{2n}} \cdot dx = \sum_{k=0}^{k=n-1} \int_{-x}^{x} \frac{Ax+B}{(x-\cos\nu)^2 + \sin^2\nu} dx.$$

L'intégrale générale $\int \frac{Ax+B}{(x-\cos\varphi)^2+\sin^2\varphi} dx$ est à la constante près

$$\frac{A}{2} l[(x-\cos\varphi)^2+\sin^2\varphi] + \frac{A\cos\varphi+B}{\sin\varphi} \cdot \text{arc tang}\left(\frac{x-\cos\varphi}{\sin\varphi}\right),$$

donc

$$\int_{-x}^{x} \frac{x^{2m}}{1+x^{2n}} \cdot dx = \sum_{k=0}^{k=n-1} \frac{A}{2} l\left[\frac{(x-\cos\varphi)^2+\sin^2\varphi}{(x+\cos\varphi)^2+\sin^2\varphi}\right]$$

$$+ \sum_{k=0}^{k=n-1} \frac{A\cos\varphi+B}{\sin\varphi}\left[\text{arc tang}\left(\frac{x-\cos\varphi}{\sin\varphi}\right) + \text{arc tang}\left(\frac{x+\cos\varphi}{\sin\varphi}\right)\right],$$

et pour les limites de $-\infty$ et $+\infty$, il vient

$$\int_{-\infty}^{\infty} \frac{z^{2m}}{1+z^{2n}} dz = \pi \sum_{k=0}^{k=n-1} \frac{A\cos\varphi+B}{\sin\varphi}.$$

La décomposition des fonctions rationnelles donne

$$A = -\frac{\cos(2m+1)\varphi}{n}, \quad B = \frac{\cos 2m\varphi}{n};$$

d'où

$$\frac{A\cos\varphi+B}{\sin\varphi} = \frac{1}{n}\sin(2m+1)\varphi.$$

Mais on a écrit plus haut

$$2m+1 = 2np \quad \text{et} \quad \varphi = \frac{(2k+1)\pi}{2n};$$

donc

$$\frac{A\cos\varphi+B}{\sin\varphi} = \frac{1}{n}\sin(2k+1)p\pi,$$

et, par suite,

$$\int_{-\infty}^{\infty} \frac{z^{2m}}{1+z^{2n}} dz = \frac{\pi}{n} \sum_{k=0}^{k=(n-1)} \sin(2k+1)p\pi.$$

En vertu de la formule

$$\sin a + \sin(a+b) + \sin(a+2b) \ldots + \sin[a + (n-1)b]$$
$$= \frac{-\sin(a-b) + \sin a + \sin[a + (n-1)b] - \sin(a+nb)}{2(1-\cos b)},$$

nous aurons

$$\sum_{k=0}^{k=(n-1)} \sin(2k+1)p\pi = \frac{\sin p\pi(1-\cos 2np\pi)}{1-\cos 2p\pi} = \frac{\sin p\pi[1-\cos(2m+1)\pi]}{1-\cos 2p\pi}$$
$$= \frac{\sin p\pi}{\sin^2 p\pi} = \frac{1}{\sin p\pi};$$

donc

$$\Gamma(p).\Gamma(1-p) = n\int_{-\infty}^{\infty} \frac{z^{2m}}{(1+z^{2n})}\,dz = \frac{\pi}{\sin p\pi},$$

ou, ce qui est la même chose,

$$\Gamma(x).\Gamma(1-x) = \frac{\pi}{\sin \pi x}. \tag{28}$$

28. Arrivons enfin à la formule (a), n° **20**, qui nous a servi dans la formule de Stirling.

Prenant les logarithmes dans la formule (28), il vient

$$l\Gamma(x) + l\Gamma(1-x) = l\pi - l\sin\pi x,$$

et aussi

$$\int_0^1 l\Gamma(x)\,dx + \int_0^1 l\Gamma(1-x).dx = l\pi - \int_0^1 l.\sin\pi x.dx.$$

On voit sans peine que les différentes valeurs par lesquelles passe la fonction $\Gamma(x)$ pour les valeurs de x comprises entre 0 et 1 sont égales à celles par lesquelles passe la fonction $\Gamma(1-x)$.

Donc

$$2\,l\Gamma(x) = l\pi - l\sin\pi x,$$

et

$$\int_0^1 l\Gamma(x)\,dx = \frac{1}{2}l\pi - \frac{1}{2}\int_0^1 l.\sin\pi x.$$

Soit maintenant

$$\pi x = \omega, \quad dx = \frac{d\omega}{\pi},$$

les limites de l'intégrale se changent en o et π.

Et il vient

$$\int_0^1 l\Gamma(x)\,dx = \frac{1}{2}l\pi - \frac{1}{2\pi}\int_0^\pi l\sin\omega\,d\omega.$$

Mais de ω à π les sinus repassent par les mêmes valeurs ; donc

$$\int_0^\pi l.\sin\omega.d\omega = 2\int_0^{\frac{\pi}{2}} l\sin\omega.d\omega = 2\int_0^{\frac{\pi}{2}} l.\cos\omega.d\omega.$$

La relation

$$\sin\omega = 2\sin\frac{1}{2}\omega.\cos\frac{1}{2}\omega,$$

donne

$$l\sin\omega = l2 + l\sin\frac{1}{2}\omega + l\cos\frac{1}{2}\omega;$$

d'où l'on tire

$$\begin{aligned}\int_0^\pi l.\sin\omega.d\omega &= \pi l2 + 2\int_0^\pi l.\sin\frac{1}{2}\omega\frac{d\omega}{2} + 2\int_0^\pi l\cos\frac{1}{2}\omega\cdot\frac{d\omega}{2}\\ &= \pi l2 + 2\int_0^{\frac{\pi}{2}} l\sin\omega.d\omega + 2\int_0^{\frac{\pi}{2}} l\cos\omega.d\omega\\ &= 2\int^\pi l\sin\omega.d\omega;\end{aligned}$$

par conséquent

$$\int_0^\pi l \sin \omega d\omega = -\pi l 2,$$

ou bien

$$\int_0^1 l\Gamma(x).dx = \frac{1}{2} l\pi + \frac{1}{2} l 2.$$

Remarquons aussi que

$$\int_0^1 lx.dx = -1;$$

il vient alors

$$\int_0^1 [l\Gamma(x) + l.x]dx = \frac{1}{2} l 2\pi - 1.$$

D'ailleurs

$$l.\Gamma(x) + lx = lx\Gamma(x),$$

et puisque

$$x\Gamma(x) = \Gamma(x+1),$$

on peut écrire

$$\int_0^1 l.\Gamma(x+1).dx = \frac{1}{2} l 2\pi - 1,$$

qui est la formule qu'il s'agissait de démontrer; elle est due à M. Raabe.

PROGRAMME DES QUESTIONS D'ASTRONOMIE.

1. Notions historiques sur la découverte de la gravitation universelle.

2. Recherche de la cause qui fait décrire aux planètes et à leurs satellites des orbites elliptiques.

Lois de Képler; conséquences qui en dérivent.

Lois de la gravitation pour les planètes et les satellites; cas particulier de la lune, satellite unique de la terre.

3. Les corps célestes agissent les uns sur les autres, en vertu de leur forme sensiblement sphérique, comme s'ils étaient réduits à des points mathématiques; attraction de deux sphères ou de deux couches sphériques homogènes.

4. Masse des planètes comparée à celle du soleil; méthode spéciale pour la terre.

5. Mouvement d'un point attiré vers un centre fixe en raison inverse du carré de la distance.

6. Formules du mouvement elliptique.

7. Méthode de Lagrange pour le développement de certaines fonctions implicites.

8. Solution du problème de Képler.

Vu et approuvé,
Strasbourg, le 29 août 1857.
Le Doyen,
L. DAUBRÉE.

Permis d'imprimer,
Strasbourg, le 30 août 1857.
Le Recteur,
DELCASSO.

PARIS. — IMPRIMERIE DE MALLET-BACHELIER, rue du Jardinet, 12.

www.ingramcontent.com/pod-product-compliance
Ingram Content Group UK Ltd.
Pitfield, Milton Keynes, MK11 3LW, UK
UKHW021147220726
13924UKWH00003B/1054